도시와 교통

도시와 교통

초판 1쇄 발행 2020년 6월 30일
2쇄 발행 2020년 11월 13일

지은이 정병두　**펴낸곳** 크레파스북　**펴낸이** 장미옥

기획 · 정리 정미현　**디자인** 디자인크레파스

출판등록 2017년 8월 23일 제2017-000292호
주소 서울시 마포구 성지길 25-11 오구빌딩 3층
전화 02-701-0633　**팩스** 02-717-2285　**이메일** crepas_book@naver.com
인스타그램 www.instagram.com/crepas_book
페이스북 www.facebook.com/crepasbook
네이버포스트 post.naver.com/crepas_book

ISBN 979-11-89586-15-7(03530)
정가 20,000원

이 도서의 국립중앙도서관 출판예정도서목록(CIP)은 서지정보유통지원시스템 홈페이지(http://seoji.nl.go.kr)와 국가자료종합목록
구축시스템(http://kolis-net.nl.go.kr)에서 이용하실 수 있습니다.(CIP제어번호 : CIP2020026976)

도시와 교통

글, 사진 **정병두**

크레파스북

사 람 과 환 경 이 함 께 하 는 지 속 가 능 교 통

PROLOGUE

2016년에 'CITY 50' 지속가능한 녹색도시 교통을 발간하게 됨으로써, 매년 방학이 되면 한해도 거르지 않고 다녔던 도시들 중 일부를 그나마 정리할 수 있었다. 이듬해 세종도서 우수학술도서로도 선정되어 나름 큰 보람을 느끼기도 했지만, 아직 소개하지 못한 또 다른 도시들에 대한 숙제가 여전히 남아있다.

어느덧 세계도시들의 사진 폴더가 100여 개를 훨씬 넘어서면서 더 늦기 전에 제2편 출간을 계획하면서, 지난 1년여 동안 해외도시의 지속가능교통 사례를 이슈화된 주제별로 나누고 사진을 중심으로 정리해 나갔다. 처음에는 '지속가능교통' 수업교재로 준비하였는데, 매달 연재하는 한국교통연구원 월간교통의 '사진으로 본 교통' 원고 때문에 인연이 닿은 크레파스북과 함께 복잡한 표와 그래프 등을 좀 더 이해하기 쉽게 풀어나가면서 틀이 바뀌었다.

실제 우리들이 살고 있는 도시공간을 어떻게 해야 할 것인지 가까운 곳에서 찾고, 일반인들도 이러한 과제들을 새로이 인식해야 할 필요가 있다. 즉 환경, 도시, 교통에 대하여 좀 더 관심을 갖고 이해하고, 앞으로 살고 싶은 도시를 위해서는 다 같이 고민해야 하기 때문이다.

유럽연합(EU)에서는 이미 2002년부터 지속가능한 교통정책 프로그램으로, CIVITAS(City VITAlity Sustainability) 포럼을 시행하고 있다. 이제까지 유럽 100개 이상 도시가 참가하고 있으며, 높은 성과를 올리고 있는 도시에는 표창도 하고 벤치마킹하면서 정보 교환하는 플랫폼이 되고 있다. 마냥 부러울 뿐이지만 이러한 세계 지속가능한 도시, 교통 분야뿐만 아니라 사회 전반에 반영되고 있는 사람중심 도시의 패러다임 변화를 시의 적절하게 잘 반영한다면 우리도 결코 늦지 않았다고 생각한다. 그래서 책의 부제도 '사람과 환경이 함께하는 지속가능교통'으로 정했다.

이제 지속가능한 교통이 되는 것이다. 요즈음 도시에 ICT 등 융·복합 기술을 접목하여 도시문제를 해결하고 우리의 삶의 질을 개선할 수 있는 스마트시티에 대한 관심이 높다. 특히 기후변화, 에너지 위기 및 환경보호 요구 등 여건 변화에 대응하는 교통분야의 주요 테마는 자동차 이용을 제한하는 교통수요관리(TDM), 교통정온화(Traffic Calming), 대중교통 중심개발(TOD), 간선급행버스체계(BRT), 환경친화적인 트램(Tram), 보행자, 자전거와 공유하는 통합가로(Complete Streets) 등 우리 도시 지향점 역시 크게 다를 바 없다.

이 책은 1)환경적으로 지속가능한 교통, 2)사람을 먼저 생각하는 교통, 3)새로운 대중교통 르네상스를 꿈꾸며, 4)스마트모빌리티로 지속가능한 도시를 만들자 총 4개 파트로 구성되었다. 소개된 교통 이슈와 사진들은 모두 도시 공간 본연의 정체성을 갖고 친환경 교통전략이 어느정도 반영되어 있다. 이런 앞서가는 도시사례를 통해 국내 도시재생의 활성화와 인간과 환경을 생각한 지속가능한 도시, 미래가치 지향의 사람 중심 도시로 나아가려면 우리들의 대응과제가 무엇인지 많은 시사점을 줄 수 있을 것으로 기대한다.

근년 여러 도시들을 다시 방문하게 되면 이전에 비해 자전거와 보행자 중심, 자동차 이용을 줄이기 위한 교통체계로 뚜렷하게 바뀌고 있다는 것을 느끼게 된다. 국내 도시들도 좀 더 가시화돼야 한다. 예상보다 많은 시간이 소요돼 통계가 일부 바뀌었거나 아직 미흡한 내용도 있겠지만, 모쪼록 이 책이 도시·교통·건축·토목·환경 등을 공부하는 이들은 물론, 핵심은 교통에 관심 있는 모든 이들에게 지속가능한 도시를 만드는데 기여하게 된다면 큰 보람으로 생각하고 싶다.

끝으로, 이 책이 나오기까지 원제무 교수님의 격려가 커다란 힘이 되었고, 이제까지 도와주신 크레파스북 장미옥 대표님과 여러 차례에 걸쳐 원고를 가다듬고 열성적으로 작업하느라 애써주신 정미현 편집장을 비롯, 김문정 디자이너에게 큰 감사의 말씀을 드립니다.

2020. 06

정병두

CONTENTS

I

환경적으로
지속가능한
교통

01

환경과 교통

Transport and Environment

20세기에 접어들면서 온실가스 농도가 가장 많이 증가하여 지구온난화가 가속화 되어 기후변화를 일으키고 있고, 그 원인이 되고 있는 이산화탄소 배출 저감을 위한 노력이 필요하다. 특히 교통부문의 온실가스를 줄이기 위해서는 친환경자동차의 보급과 함께, 가까운 곳은 걷거나 자전거를 타고, 대중교통을 이용하는 등 환경적으로 지속가능한 교통체계로 패러다임이 변화되어야 한다 .

프랑크푸르트 중앙역 광장에 설치된
독일철도 DB 카셰어링 전기차,
공영자전거 Call a Bike

기후는
저절로 바뀌지 않는다

지구온난화와 기후변화

기후는 30년 정도의 장기간에 걸친 날씨의 평균이나 변동의 특성을 말한다. 과거에는 한 지역의 기후는 변하지 않는 것으로 생각했으나, 1988년 UN기구로 설립한 기후변화에 관한 정부 간 협의체(IPCC, Intergovernmental Panel on Climate Change), 즉 기후변화에 관한 정부 간 협의체의 평가보고서에서는 기후가 변하고 있다는 것을 확인하고, 이는 인류의 에너지수요 급증으로 인한 화석연료 사용 증가 등 인간 활동으로 인해 발생했을 가능성이 매우 높다고 평가했다.

석탄, 석유 등 화석연료의 연소, 산림훼손, 농업활동 증가 등으로 이산화탄소, 메탄, 아산화질소, 불소화합물을 비롯한 대기 중 온실가스가 많아지면서 미세먼지와 온실효과가 증가해 지구온난화가 나타나고 있다. 지구온난화란 인간의 활동에 수반해 발생하는 온실가스가 대기 중에 축적되어 온실가스 농도를 증가시킴으로써 지구 전체적으로 지표 및 대기의 온도가 추가적으로 상승하는 현상을 말한다.

지난해 기상청에서 펴낸 '기후변화감시 종합분석보고서(I), 2018년'에 따르면 지구온난화로 전 지구 육지의 평균기온은 1951년부터 2017년까지 0.22℃/10년으로 꾸준히 증가하는 추세이며, 내륙 및 고위도로 갈수록 증가 추세를 보이고 있다. 우리나라의 기후변화를 살펴보면 1912년부터 2016년까지 평균기온은 1.8℃ 상승해 지구 평균보다 상승 속도가 빠르며 강수량은 약 10% 증가했다.

기후변화를 일으키는 온실가스

IPCC 제5차 보고서는 지난 130여 년간 지구온난화로 지구 평균기온이 빠르게 상승하고 있으며, 우리나라는 1912~2016년까지 평균기온은 1.8℃상승하여 지구평균보다 빠르다. 1950년 이후 나타난 지구온난화는 석유, 석탄, 가스 등 화석연료의 사용으로 인한 가능성이 95% 이상으로 매우 높다고 결론내렸다. 온실가스는 대기 중에 가스 상태로 장기간 체류하면서 태양복사를 투과시키고 지표면에서 방출하는 지구복사를 흡수하거나 재 방출해 온실효과를 유발하는 물질로써 이산화탄소(CO_2), 메탄(CH_4), 아산화질소(N_2O), 수소불화탄소(HFCs), 과불화탄소(PFCs), 육불화황(SF_6)을 말한다. 세계기상기구의 '2018년 온실가스 연보'에 따르면 2017년 이산화탄소, 메탄 및 아산화질소의 연평균 농도를 1750년 산업혁명 이전과 비교하면 각각 46%, 157%, 22%가 증가했다.

13.0℃(2010년대)
12.2℃(1900년대)
우리나라 평균기온
(1912~2016년)

CO_2 **46%**
CH_4 **157%**
N_2O **22%**
1750년 대비
농도 증가율(2017년)

자동차는 편하지만
배출가스는 불편하다

자동차로 인한 환경오염[1]

자동차 연료인 휘발유나 경유 등이 완전 연소한다면 산소와 결합해 수증기(H_2O)와 이산화탄소(CO_2)만 생성하지만, 실제로 완전연소되지 않는다. 불완전연소하면 수증기나 이산화탄소가 아닌 유해물질이 형성되어 질소(70%), 이산화탄소(18%), 수증기(8.2%), 유해물질(1%)이 배기가스에 섞여 나온다. 그 가운데 유해물질의 대부분은 일산화탄소(CO), 탄화수소(HC), 질소산화물(NOx)이고, 디젤차인 경우에는 매연, 미세먼지 PM(Particulate Matters)등이 여기에 추가된다.

자동차에서 직접 방출되는 형태인 1차 오염물질 중 대표적인 것은 이산화질소(NO_2)이다. 수도권 지역에서 자동차 등 이동오염원이 방출하는 아산화질소가 2015년 75.1%를 차지해 비중이 크다.

자동차 배출가스에 들어 있는 1차 오염물질은 대기 중에서 화학반응을 일으켜 2차 오염물질을 생성하며, 그 대표적인 것은 미세먼지와 오존이다. 미세먼지는 대기 중에 떠다니거나 흩날려 내려오는 $10\mu m$ 이하의 입자상 물질을 의미하며, PM10은 1,000분의 10mm보다 작은 먼지, PM2.5의 초미세먼지는 1,000분의 2.5mm보다 작은 먼지로, 약 $60\mu m$인 머리카락 직경의 1/20~1/30 크기보다 작은 입자물질로 호흡기 질병이나 폐 기능이 약해지는 원인이 된다.

---

1) 환경부(2019.1), 『친환경자동차』, 자동차로 인한 환경오염 내용 발췌.

오존(O_3)의 경우 약 90%는 지상 20~40㎞ 사이의 성층권에 존재하면서 태양광선 중 생명체에 해로운 자외선을 흡수해 지상의 생물들을 보호하는 좋은 오존인 반면, 나머지 10%는 지상 10㎞ 이내의 대류권에 존재하는 지표오존으로, 호흡기나 눈을 자극하는 나쁜 오존이라 할 수 있다. 지표 오존은 자동차에서 배출하는 질소산화물, 탄화수소, 메탄, 일산화탄소 등과 같은 대기오염물질들이 햇빛에 의해 광화학반응을 일으켜 생성되는 2차 오염물질이다.

서울의 대기오염도를 세계 주요 도시와 비교하면 여전히 높은 수준이다. 2017년 기준으로 서울의 미세먼지 농도는 일본 도쿄보다 2.6배, 프랑스 파리와 영국 런던보다 각각 2.1배와 2.6배 높았다. 이산화질소 농도는 도쿄의 1.9배, 프랑스 파리와 영국 런던과 비교해 1.5배 높은 수준이다. 이에 따라 서울시는 미세먼지 저감 및 관리에 관한 조례를 정하고 배출가스 5등급 차량 운행제한 제도를 시행중에 있다.

유럽 12개국 250여 개 도시에서 실시되는 차량 배출가스 규제구역 LEZ(Low Emission Zone)이 점차 확대되고 있으며(포털사이트 https://urbanaccessregulations.eu), 파리에서도 2016년부터 Crit'Air(공기품질증, Air Quality Certificate) 6등급으로 구분하여 2017년 5등급, 2019년 4등급, 2022년 3등급, 2024년부터는 모든 경유차의 도심 운행을 제한할 계획이다.

2016년부터 파리에서 시행 중인 '친환경등급제(Crit'Air)',
모든 차량은 제조 시기와 오염물질 배출량에 따라 등급을 정한다.

대기오염물질이 건강에 미치는 영향[2]

일산화탄소(CO)는 무색, 무취의 유독가스로 인체에 흡입할 경우 혈액 중의 헤모글로빈(Hb)과 결합해 혈액의 산소운반작용을 방해한다. 일산화탄소가 0.3% 이상 함유된 공기를 30분 이상 호흡하면 목숨도 잃을 수 있다.

탄화수소(HC)는 호흡기 계통과 눈을 심하게 자극하고, 암을 유발하거나 악취의 원인이 되기도 한다. 또한 질소산화물(NOx)은 호흡을 통해 점막 분비물에 흡착되면 산화성이 강한 질산으로 바뀐다. 이렇게 생성된 질산은 기관지염, 폐기종 등 호흡기 질환을 유발하고 눈에 자극을 준다. 질소산화물은 이외에도 오존의 생성, 광화학 스모그 발생, 수목의 고사에 영향을 미치는 것으로 알려져 있다.

자동차에서 배출된 초미세먼지(PM2.5)는 입자가 매우 작아서 폐를 거쳐 혈관 또는 혈액까지 침투하기도 한다. 그리고 기도 점막을 자극하고 염증을 유발한다. 정상적인 사람에게도 기침과 가래 등의 호흡기 증상을 유발하지만 호흡기 질환, 천식 등 알레르기 질환이나 심혈관 질환 증상을 악화시키는 것으로 알려져 있다. 특히 질병관리본부의 미세먼지로 인한 심혈관질환 영향 연구 결과에 따르면 초미세먼지에 장기간 노출되면 심근경색과 같은 허혈성 심질환의 사망률은 30~80% 증가하고, 10μg/㎥ 증가 시 심부전에 의한 입원률은 30%, 뇌혈관질환 관련 사망률은 80% 증가하는 것으로 보고되고 있다.

2) 환경부(2019.1), 『친환경자동차』, 대기오염에 따른 건강 피해 내용 발췌.

온실가스는
남의 나라 일이 아니다

온실가스 배출 전망과 감축을 위한 전략

국제에너지기구(IEA, International Energy Agency)의 자료에 따르면 2014년 기준 중국은 총 9,134백만 톤의 온실가스를 배출하는 온실가스 최다 배출국이며 그 뒤를 미국(5,176백만 톤), 러시아(1,467백만 톤), 일본(1,188백만 톤) 순으로 나타났다. 우리나라는 총 567백만 톤을 배출해 세계 6위의 온실가스 배출국으로 약 3.8%의 높은 증가율을 보이고 있다.

국가 온실가스 총 배출량 중 에너지 부문 배출량은 87% 이상을 차지하고, 2013년 기준 교통 부문은 88.3백만 톤을 배출해 전체의 15%를 차지하고 있다. 교통수단별 온실가스 배출량은 도로가 95.9%로 가장 높으며 이어 해운, 항공, 철도 순으로 나타났다.[3]

국토교통부의 '지속가능 국가교통물류발전 기본계획수정연구, 2017'에 따르면 2030년 교통 부문 배출전망은 간접배출을 포함해 105.2백만 톤으로 내다보며, 2030년 교통 부문 온실가스 배출전망(BAU)은 2013년 대비 매년 약 1.0%씩 증가하는 것으로 나타났다.

우리나라는 저탄소녹색성장기본법의 기후변화 대응 기본원칙에 따라 20년을 계획기간으로 하는 기후변화 대응 기본계획을 수립해 시행하고 있다. 이를 중앙지속가능발전 기본계획(국가이행계획) 또는 지방 지속가능발전 기본계획(지방이행계획)이라고 한다. 이에 따라 정부는 저탄

---

3) 여객기준 도로부문 원단위(166 CO_2톤/백만 인-km), 철도부문 원단위 (6 CO_2톤/백만 인-km)

소 교통체계 구축과 교통 부문의 온실가스 배출 및 에너지의 효율적인 관리를 위해 온실가스 감축 목표를 설정, 관리해야 한다.

기존 교토의정서(Kyoto Protocol) 체제를 대체하는 새로운 기후변화 대응체제로 2015년 12월 파리 당사국총회에서 협상 참가국들 간 신기후체제(Post-2020) 출범에 합의함으로써 모든 국가가 자발적인 감축 목표(INDC)를 정하고 온실가스 감축에 동참하는 기후변화 대응체제가 마련되었다.

우리나라 정부는 파리협정(Paris Agreement)에 따른 2020년 신기후체제 출범에 대응하기 위해 2030년 교통 부문 온실가스 배출 전망치 대비 37% 감축이라는 국가 온실가스 감축 로드맵을 2016년 12월 수립, 발표했다. 그리고 국토교통부는 지난 2018년 7월, 제1차 지속가능 국가교통물류발전 수정 기본계획에서 2030년 교통 부문 온실가스 배출 전망치 대비 24.6% 감축을 목표로 추진전략을 제시했다.

유럽의 전기차 및 충전인프라 보급

유럽연합(EU)은 전기차 보급을 위해 보조금 지급, 충전인프라 구축과 같은 정책을 전개하고 있다. 주요 전기차 보급 및 충전인프라 구축 상황을 살펴보면 네덜란드-덴마크-스웨덴-독일을 잇는 주요 고속도로를 따라 공용전기차 충전시설 155개를 구축하기로 결정해 유럽횡단 운송 네트워크(TEN-T, The Trans-European Transport Networks) 예산을 전기차 충전시설 확충에 지원했다. 또한 전기차 충전플러그 단일화를 통해 통합규격을 채택하는 등 유럽뿐만 아니라 전 세계 전기차 시장에 큰 영향을 미칠 것으로 전망되고 있다.

정부는 2022년까지 공공급속충전시설 총 1만 개소를 설치할 계획

자료: 정부 24, https://www.gov.kr/portal/ntnadmNews

영국은 2050년까지 영국 내 거의 모든 승용차와 밴을 저배출자동차로 대체할 계획으로, 이를 위해 2020년까지 6억 파운드(약 8,926억 원) 이상을 투입할 예정이다. 또한 영국 공공부문 차량을 초저공해자동차로 전환할 수 있는지 평가해 공공부문에 300대의 초저공해자동차를 배치하고 충전인프라 설치를 위한 지원에 500만 파운드(약 74억 원)를 투입할 계획이다. 영국 정부는 전기차 구매자에게 2,000~5,000파운드의 보조금을 지급하고 있으며 자동차 보유세 경감과 런던 시내 진입에 부과하는 혼잡세를 면제하고 있다.

프랑스는 2023년까지 전기자동차(하이브리드 카 포함) 약 120만 대 보급 목표로, 2019년 현재 전기차 충전소 2만 5천 개에서 4배 이상 10만여 개를 설치할 계획이다. 전기차 구매자에게 3,300~7,000유로(약 430~900만 원)의 보조금을 지급하며 무료 주차, 차량등록비 75% 감면 혜택을 주는 것은 물론 전기차 충전소를 설치하는데 5,000만 유로(6,800억 원)를 투입한다. 아울러 전기차 이용자는 개인용 충전소 설치비용의 30%를 지원받을 수 있으며, 공공충전소의 경우, 프랑스 미래투자프로그램(PIA)의 일환으로 추진된 충전소 설치지원이 연장되면서 총 1만 5,000기의 충전소에 대해 자금을 지원할 예정이다. 특히 프랑스가 2050년 탄소 배출량을 없애고자 하는 환경정책의 일환으로 2040년부터 휘발유·경유차 판매 금지계획을 발표하면서 친환경차 보급은 더욱 확산될 것으로 보인다.

노르웨이 도로연맹(NRF) 발표에 따르면 2019년 전반기에 판매된 신차 가운데 전기차 비율이 48.4% 기록하는 등 노르웨이는 전 세계적으로 전기차 시장점유율이 가장 높은 것으로 유명하다. 이는 2025년까지 모든 차량을 전기차로 바꿔 탄소배출량을 제로로 만들겠다는 정책 목표를 세우고, 오래전 1990년부터 전기차 구매 시 내야하는 각종 세금 면제, 1996~2018년 도심 통행요금 면제(2019년부터 최소 50% 할인)와 버스전용차로 진입 허용 등 지난 20여 년간 전기차에 대하여 파격적인 인센티브 정책을 펼쳤기 때문이다.

EU의 온실가스 배출 규제

EU의 2007년 신차 평균 온실가스 배출기준은 158g/㎞, 2015년 신차 평균 배출기준은 130g/km으로 단계적으로 상향되었으며, 판매차량의 일정 비율이 목표에 못미치면 단계적으로 벌금이 부과된다. 이는 효율적 연비의 에어컨 개발, 타이어 효율 개선, 바이오연료 사용 확대 등과 같은 추가적인 조치를 통해 10g/km를 추가 감축한다는 목표를 세운 것이다.

EU의 온실가스 배출 규제는 유럽 내 27개국에 차량을 판매하는 모든 업체를 대상으로 시행하며, 2020년까지 승용차의 평균 온실가스 배출량을 95g/km로 하는 장기목표를 세우고 있다. 초과배출 시 등록 차량한 대당 초과 1g/km 배출에 따른 벌금을 부과하고 있다.

EU는 2019년 12월 기후변화 및 환경 분야의 청사진을 담은 유럽 그린딜(European Green Deal)을 발표하였다. 2030년에 1990년 대비 온실가스 감축목표를 40%에서 50~55%로 상향 조정하고, 2050년까지 EU 내에서 탄소배출 제로를 달성하겠다는 목표(탄소중립)를 설정하고 모든 정책에서 기후변화 대응에 기여할 수 있도록 하였다.

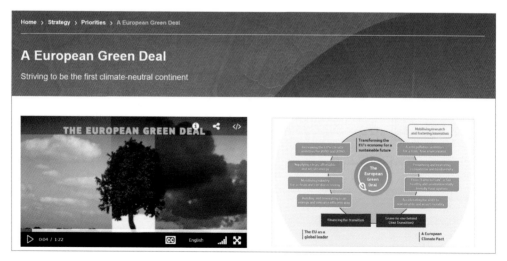

EU 유럽 그린딜(European Green Deal)

자료 | https://ec.europa.eu/info/strategy/priorities-2019-2024/european-green-deal_en.

오슬로의 'Fossil Free 2020 project'에 의해 2020년까지 모든 대중교통수단의 연료는 재생에너지를 사용해야 하며, 1인당 전기자동차(EV) 보유대수가 가장 높은 세계도시답게 2025년까지 전체 버스의 60%를 전기차로 대체할 계획이다.

오슬로에서 2019년 8월 처음 운행을 시작한
자율주행 셔틀 전기버스, Navya

자료: www.shutterstock.com

친환경자동차에서
길을 찾다

환경친화적인 자동차란 무엇일까?

환경친화적자동차(이하 친환경차)는 에너지소비효율이 우수하고 무공해 또는 저공해 기준을 충족하는 자동차를 말한다. 환경친화적자동차의 개발 및 보급 촉진에 관한 법(제2조)에서는 전기자동차, 태양광 자동차, 하이브리드자동차, 연료전지자동차, 천연가스자동차, 클린디젤자동차 등이며, 에너지소비효율 및 대기오염물질과 배출가스 기준을 만족하는 차를 일컫는다.

세부적으로는 기계적 구성과 구동방식에 따라 배터리 전기자동차(Battery Electric Vehicle), 하이브리드자동차(Hybrid Electric Vehicle), 플러그인 하이브리드자동차(PHEV, Plug-In Electric Vehicle), 수소 연료전지자동차(Fuel-cell Electric Vehicle) 4종으로 구분하고 있다.

전기차(EV)의 특징

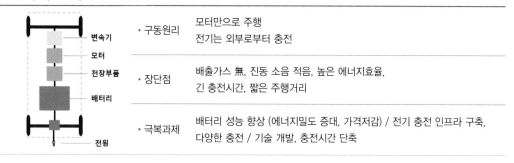

변속기 / 모터 / 전장부품 / 배터리 / 전원	• 구동원리	모터만으로 주행 전기는 외부로부터 충전
	• 장단점	배출가스 無, 진동 소음 적음, 높은 에너지효율, 긴 충전시간, 짧은 주행거리
	• 극복과제	배터리 성능 향상 (에너지밀도 증대, 가격저감) / 전기 충전 인프라 구축, 다양한 충전 / 기술 개발, 충전시간 단축

하이브리드차(HEV, FHEV)의 특징

	구동원리	HEV: 엔진(주)+모터(보조), 화석연료 PHEV: 엔진(보조)+모터(주), 전기(충전)+화석연료
	장단점	내연기관차 대비 연비 높고 유해가스 배출 적음 PHEV는 주행거리의 EV 단점보완, 내연기관차 대비 구조가 복잡
	극복과제	연비성능과 동력성능 향상, 내연기관차 대비 가격상승분 최소화

수소연료전지차(FCEV)의 특징

	구동원리	모터만으로 주행 수소+산소로 전기 발생
	장단점	배출가스 無, 높은 에너지효율, 짧은 연료충전시간, 장거리 주행 가능, 연료공급 인프라 신규 필요, 고가의 차량가격
	극복과제	스택 핵심부품 및 운전장치 부품의 가격저감, 신뢰성 확보, 수소 충전 인프라 구축

자료 : 관계부처 합동(2015. 12), 제3차 환경친화적자동차 개발 및 보급 기본계획

플러그인 하이브리드차의 구동 방식은 하이브리드차와 동일하지만, 외부 전원에서 전기를 충전할 수 있다는 점이 다르다. 또한 일반 하이브리드차보다 용량이 더 큰 전기배터리를 탑재해 주행시간 연장과 고출력파워의 장점이 있다.

수소연료전지차(FCEV, Fuel Cell Electric Vehicle)는 수소를 대기 중 산소와 반응시켜 이때 발생한 전기로 차량을 구동하는 방식이다. 전기차(EV)와 수소연료전기차(FCEV) 모두 주행 중 배출가스가 발생하지 않아 환경친화적이지만, 전기차는 전기가 발전소에서 화석연료로 만들어지기 때문에 완전한 친환경차라고 할 수 없다. 반면에 수소연료전지차는 수소에너지만 사용하고, 자체적으로 전기를 생산해 동력원을 얻고, 배출가스가 없기 때문에 가장 친환경적인 교통수단이라고 할 수 있다.

국내의 온실가스 저감을 위해서는 내연기관차가 대부분인 수송 분야에 CO_2 배출이 낮은 하이브리드차, 플러그인 하이브리드차 또는 CO_2 배출이 없는 전기차, 수소차의 보급이 필요하다.

특히 수소차의 경우 주행 중 물만 배출하기 때문에 대기질 개선에 매우 효과적이다.

수소연료전지차의 전기 생산 단계는 수소탱크에 저장된 수소가 수소연료전지 스택(Stack)으로 공급하고, 수소연료전지 안에서 산소와 수소가 화학반응을 통해 전기를 생산해, 마지막으로 발생된 전기가 모터와 배터리로 공급하고 물을 외부로 배출한다.

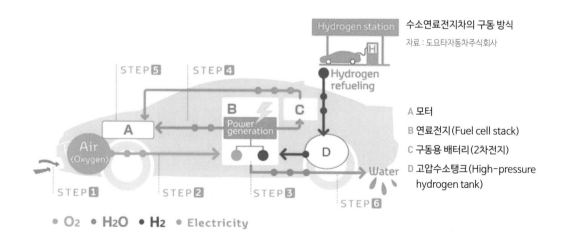

수소연료전지차의 구동 방식

자료 : 도요타자동차주식회사

A 모터
B 연료전지 (Fuel cell stack)
C 구동용 배터리 (2차전지)
D 고압수소탱크 (High-pressure hydrogen tank)

시장 경쟁이 치열해지는 친환경자동차[4]

국내의 친환경자동차의 보급 대수는 2009년 1만 대, 2015년 18.4만 대로 빠르게 증가해 2018년 현재 누적 47.5만 대를 보급했지만, 실제 2018년 자동차 등록대수 2,300만 대의 2%에 불과한 수준이다. 정부는 2017년 9월에 수립한 '미세먼지 관리 종합대책'에 따라 2022년까지 자동차 등록대수의 약 10%인 200만 대를 친환경자동차로 보급할 계획이다.

　전기차(EV)는 보급대상 차종이 2012년 1종에서 2019년 14종으로 증가(승용차 기준)했으며, 2018년까지 총 5만 7천여 대가 보급되었다. 2022년까지 누적 전기차 43만 대를 목표로 확대해 나갈 계획이며, 공공 급속충전시설은 2022년까지 총 1만 개소를 설치해 전국적으로 생활권 내에서 편리하게 충전할 수 있는 기반을 구축할 계획이다.

중앙수소충전소
창원시내 중앙공원 내
2019년 6월 준공

4) 환경부(2019.1), 친환경자동차 : 전기차, 수소전기차, 하이브리드차, 플러그인하이브리드차.

샌프란시스코 시청앞 전기충전소 및 공유 서비스 전기차, 캘리포니아주 베이 지역 대기 관리국(BAAQMD)

연료전지차(FCEV)는 2018년까지 지자체, 공공기관, 일반인 등을 대상으로 누적 889대를 보급했고, 수소충전소도 거점도시에 설치해 나가고 있다. 특히 2018년 12월 '자동차 부품산업 활력제고 방안에 관한 관계부처 합동 방안'에 따라 2022년까지 누적 6.5만 대를 보급하고 수소충전소 310개소를 설치할 계획이다.

전기차(EV) 보급 목표	계	~2018	2019	2020	2021	2022
	43만 대	5.7만 대	4.2만 대	7.8만 대	10만 대	15.3만 대

수소전기승용차(FCEV) 보급 목표	계	~2018	2019	2020	2021	2022
	65만 대	0.9만 대	4만 대	10.1만 대	20만 대	30만 대

자료 : 자동차 부품산업 활력 제고 방안(2018년 12월, 관계부처 합동)
2019년 '경유차 감축 및 친환경차 확대 로드맵' 마련예정

친환경자동차 시장이 급성장하고 있는데, 앞으로 친환경차 시장은 어떻게 진행될까? 차종별로는 2015~2017년 기간 중 전기차가 연평균 53%, 플러그인 하이브리드차가 연평균 97% 성장했다. 주요 국가별로는 중국이 번호판 할당 정책과 공공기관 보급 확대 등으로 세계 전기자동차 판매의 47%를 점유하고 있으며, 미국은 2010년 345대에서 2017년 197,539대로 연평균 220%의 성장률로 친환경차 시장이 성장했다. 노르웨이의 경우 2019년 초반에 국내 신차 시장의 48.4%를 전기자동차가 차지하는 등 글로벌 선두주자 자리를 지키고 있다.

지난 2014년 글로벌 친환경차 시장은 230만 대 규모로 전체 8,700만 대의 2.6%에 불과하지만 국제에너지기구(IEA), 비즈니스 컨설팅 회사인 프로스트&설리번(Frost&Sullivan), 석유화학기업인 엑손모빌 등 주요 기관은 2025년 30%, 2030년 50%의 친환경차가 자동차 시장을 차지할 것으로 전망하고 있다.

차종별 전망은 초기 친환경차 시장은 하이브리드차 위주로 성장했는데 향후에도 역시 하이브리드차 기술개발을 통한 성능 향상(HEV, PHEV)과 신모델 출시로 2030년까지 친환경차 시장의 80%를 차지할 것으로 전망한다.

전기차는 배터리의 성능 향상으로 주행거리 한계를 극복한 고성능 차량이 출시되는 가운데 정부 주도의 보급정책을 통한 성장세를 유지하고, BYD과 테슬라 등 신생 전기차 업체와 애플 등의 IT기업의 참여로 시장 경쟁이 완성차를 넘어 타 업종으로 확산될 전망이다. 수소차의 경우 2013년 우리나라와 유럽을 중심으로 보급을 시작, 주요 제작사가 차량을 출시하는 2020년을 기점으로 성장할 것으로 전망하고 있다.[5]

5) 관계부처 합동(2015.12), 『제3차 친환적 자동차의 개발 및 보급을 위한 기본계획(2016-2020)』

친환경차 보급과 지원제도

우리나라 정부는 자동차의 개발 및 보급에 관한 법률에 따라 수립된 '친환경적 자동차의 개발 및 보급을 위한 기본계획(2016~2020)'을 토대로, 친환경차 보급에 관한 시행계획을 수립하고 있다.

2019년 세부 추진계획에서는 전기승용차 4.2만 대(최대 900만 원), 전기화물차 1천 대, 전기버스 300대, 급속충전기 1,200기(5천만 원/기), 완속충전기 12,000기(300만 원/기), 플러그인 하이브리드차 300대(500만 원/대), 수소차 4,000대(2,250만 원/대), 수소버스 35대, 수소충전소 30기(15억 원/개소) 등 사업예산을 편성했고, 지원 금액은 환경부 전기차충전소 누리집에 게재해 차등별로 지원한다.

그 외 친환경자동차를 구매할 때 차량 구매보조금 지원 외에 개별소비세, 교육세, 자동차취득세 등 세금 감경혜택을 추가로 받을 수 있다. 그리고 이용할 때 전기차와 수소전기차 자동차세 할인, 공영주차장의 전기차 및 수소전기차 50% 할인, 남산 1호 터널과 3호 터널 혼잡통행료 면제, 고속도로통행료 50% 감면 등 인센티브 혜택을 받는다.

환경부
저공해차 통합정보 누리집
https://www.ev.or.kr/portal

프랑스에서 처음으로 100% 전기차에 의한 카셰어링 서비스를 실시(시내 380개소, 200대 전기차)
보르도(Bordeaux)의 Bluecub

https://www.bluecub.eu/

해외의 친환경자동차, 타는 만큼 혜택도 커진다

외국의 친환경자동차 개발 및 보급 전망

먼저, 미국의 경우 2005년부터 친환경차 의무판매제를 시행한 후 2018년부터 제도를 대폭 강화하고 있으며, 온실가스 규제 또한 2017년부터 강화해 적극적인 공급 측면의 친환경차 보급 정책을 추진 중이다.

지난 2012년 'EV Everywhere'를 발표해 2015년 전기차 100만 대 보급 및 120만 대 생산, 2030년 자동차 석유사용량 50% 감축 목표를 설정하고 있다. 전기차 구입 시 1인당 최대 7,500달러, 충전장치 보조금으로 2,000달러 지급, 배터리 용량에 따른 세금 감면, 관용차 50% 전기차 또는 플러그인 하이브리드차 의무 구매를 유도하고 있다.

또한 미국은 수소충전소 가동율이 70%에 도달할 때까지 운영비 연간 최대 10만 달러(운영비 60~100%)를 3년간 지원하고 있으며, 주별로 다르기는 하지만 친환경차 구매와 리스 시 보조금을 지원하고 친환경차 배터리 용량에 따라 세액을 감면하고 있다.

유럽의 경우 전 세계에서 가장 엄격한 수준의 온실가스 규제를 시행 중이며, 네덜란드와 프랑스, 영국 등 다수의 유럽 국가에서 내연기관차 판매 금지 계획을 발표하는 등 강력한 공급규제를 추진하고 있다.

전기차 보급을 위해 2020년 영국은 170만 대, 프랑스는 200만 대, 독일은 100만 대 등의 목표를 설정하고 보조금을 지급하고 있다. 노르웨이는 전기차 구매 시 관세, 차량등록세, 부가세 면제 및 차량 무료 충전, 통행료 면제, 버스전용차로 주행을 허용하고 있다.

수소전지차량 및 인프라 보급 전략인 H2ME(Hydrogen Mobility Europe) 등을 통해 친환경차 보급을 촉진, 수소차 보급에 적극 참여하고 있다. 수소차는 2030년까지 독일 180만 대, 영국 160만 대, 프랑스 80만 대를 보급할 계획이다.

수소충전소의 경우 2019년 7월 현재 전 세계 총 402기가 운영중이며, 그 가운데 가장 많이 구축된 곳은 일본이 110기이다. 그 다음은 독일 78기, 미국 69기, 한국 28기, 프랑스 20기 순이다. 수소충전소 부문은 장래 2030년까지 독일이 H2 Mobility 이니셔티브를 통해 1,000기, 영국은 UKH2 Mobility 프로그램으로 1,150기, 프랑스는 H2 Mobility France를 통해 2030년 600기를 건설할 계획이다.

독일 프랑크푸르트
현대자동차 지사 앞에 설치된
수소충전소

유럽 수소버스 및
충전소 Projects 추진
포털사이트

https://fuelcellbuses.eu

일본 정부는 '2015년 교통정책기본계획'에서 지속가능하고 안심·안전한 교통인프라를 구축하고, 원칙적으로 저탄소화, 에너지 절약 등의 환경대책을 추진하고 있다. 에너지 절약, 온실효과 가스(CO_2) 배출 삭감 등을 실현하기 위해 무엇보다도 차세대 자동차 보급을 촉진하고 있다.

2019년 일본 국토교통성의 보조사업인 지역교통 그린화사업에 따르면 2016년 '지구온난화대책계획'에서는 운수 부문 에너지의 이산화탄소 감축은 2030년도에 2013년도 대비 약 28% 줄이는 것을 목표로 한다. 또한 '미래투자전략 2018'에 따라 운수 부문의 에너지 절약을 추진하기 위해 2030년에 신차 판매 중 차세대 자동차 비율을 50~70%로 차지하도록 계획하고 있다.[6] 특히 지역의 계획과 제휴해 친환경차의 집중적인 도입이나 교체를 촉진하는 사업에는 통상차량과의 차액 1/3까지 보조 상한을 정하고 단계별로 지원함으로써 차량가격 저감 및 보급률 향상을 실현할 계획이다.

일본의 수소사회 진입

일본은 현재 수소에너지에 대한 투자가 가장 활발하게 이루어지고 있는 국가로서 경제산업성 산하에 민간협력위원회를 설치하여 정부 주도의 지원체계를 구축하고, 수소·연료전지 전략 로드맵을 수립하였다. 특히 2020년 도쿄올림픽을 계기로 '수소사회' 진입을 선언하고, 2025년 320개, 2030년까지 900개의 수소충전소 건설 등 2040년까지 CO_2가 발생하지 않는 수소에너지 공급체계를 구축할 계획이다.

---

6) 国土交通省(2019), 「国土交通省の補助事業「地域交通グリーン化事業」」.

2020년 수소버스는 100대 이상 공급하고 연료전지차는 2030년까지 80만 대를 확대할 계획이다.

2019년부터 신에너지자동차 의무생산제도를 일본 전역에 실시함으로써 일정 규모 이상의 자동차 제조사는 생산 및 판매량의 10%를 신에너지자동차로 생산하고 판매해야 한다.

'신에너지차량 확대보급사용계획, 2016~2020년'에 따르면 전기차, 플러그인 하이브리드자동차는 2016년 이후 보조금을 축소하고, 연료전지차는 2020년까지 동일한 보조금을 지원하고 있으며, 베이징시는 2016년 이후 신규 주택 주차면적 18%를 전기차 주차공간으로 의무화하는 등 전기자동차 충전 설비를 도시규획에 편입시켜 추진하고 있다.

수소연료전지차 보급계획

	미국	일본	중국	독일	영국	한국
FCEV 보급대수('30)	100만 대	80만 대	100만 대	180만 대	160만 대	63만 대
수소충전소 대수('30)	123곳 (2023년)	900곳	1,000곳	1,000곳	1,000곳	520곳
FCEV 구매 보조금(국비)	최대 13,000달러 (1,400만 원)	최대 208만 엔 (2,100만 원)	최대 20만 위안 (3,400만 원)	최대 1.1만 유로 (1,500만 원)	최대 1.1만 유로 (1,500만 원)	2,750만 원
연간자동차 생산(순위)	1,200만 대 (세계2위)	920만 대 (세계3위)	2,800만 대 (세계1위)	620만 대 (세계4위)	180만 대 (세계12위)	430만 대 (세계6위)

자료 : 대한석유협회(2018. 3), 「수소연료 전지차(연료전지차) 관련 국내외 동향 및 정책 제안」, 미국은 전망수치.
국토교통부/한국자동차협회/수출입은행

이제 수소경제다 '수소경제 활성화 로드맵'

2020년 4월 기준 수소차는 7,033대 등록되어 있고 수소충전소는 27개소를 운영 중(80개소 구축중)에 있으며, 국내 수소경제는 수소차, 연료전지 등 수소 활용분야에서 최고 수준의 기술력을 확보하고 있다고 한다. 특히 지난 2018년 정부의 혁신성장 전략투자 방향에서 '수소경제'를 3대 전략 투자 분야로 선정하였고, 관계부처 협의를 거쳐 2019년 1월 '수소경제 활성화 로드맵'을 발표한바 있다.

　　로드맵에서는 수소경제 활성화를 위한 목표 및 추진전략 등을 제시하고, 2040년까지 수소모빌리티 분야는 수소승용차 620만 대 생산 및 수소충전소 1,200개소를 구축할 계획이다. 수소택시는 8만 대, 수소버스는 서울시, 부산시, 울산시, 창원시 등 시범운행을 거쳐 2022년까지 2천 대, 2040년까지 4만 대 보급을 목표로 한다.

수소충전소 구축 로드맵

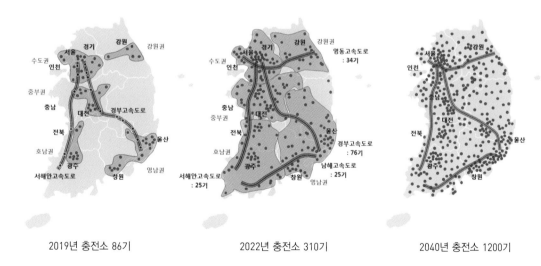

2019년 충전소 86기　　　　　2022년 충전소 310기　　　　　2040년 충전소 1200기

자료: 산업통상자원부, 에너지경제연구원(2019.4), 수소경제 활성화 로드맵 수립 연구

수소시범도시 사업, 수소경제 본격화

수소도시란 도시 내 ① 수소의 생산, ② 수소의 저장·이송, ③ 수소 활용의 수소생태계가 구축되어 수소를 주된 에너지원으로 활용하면서 도시혁신을 시민이 체감하는 건강하고 깨끗한 도시를 말한다. 2019년 12월 국토교통부는 '수소시범도시 사업'에 경기 안산시, 울산광역시, 전북 완주·전주시 등 3곳과 수소 R&D특화도시로 삼척시를 선정해 발표하였다. 이번에 수소시범도시로 선정된 이들 도시는 주거와 교통 분야에서 수소를 에너지원으로 활용하고 지역특화 산업 및 혁신기술육성 등을 접목한 특색 있는 도시로 조성된다. 또한 수소 R&D특화도시로 선정된 삼척시는 국산화 기반의 수소타운 기반시설 기술개발을 위한 실증지로서 육성될 계획이다.

수소 모빌리티의 개요

생산	저장·이송	활용
① 산업단지내 부생수소 ② LNG인수기지 등 수소생산기지에서 수소추출 ③ 도시가스 배관에 추출기를 달아 수소추출 ④ 태양광, 풍력 등 재생에너지 활용 수전해(그린수소)	• 튜브 트레일러 • 파이프라인 • 액화탱크로리 (③ : 이송 불필요) ⇩ 생산·이송된 수소를 충전소에 저장	❶ 충전인프라 구축 • 복합환승센터, 버스차고지, 주차장 등을 활용하여 수소 충전시설 설치 ❷ 수소기반 대중교통체계 • 기존 버스노선을 수소버스로 대체 • 수소택시 보급 ❸ 수소 교통수단 확대 • 수소열차·수소트램, 수소전동차, 수소지게차 등 다양한 교통수단 등장

자료 : 국토교통부(2019.10), 수소 시범도시사업 공모가이드라인

독일 베를린의 Total 주유소, 수소충전시설이 가솔린과 가스충전소와 융합 운영

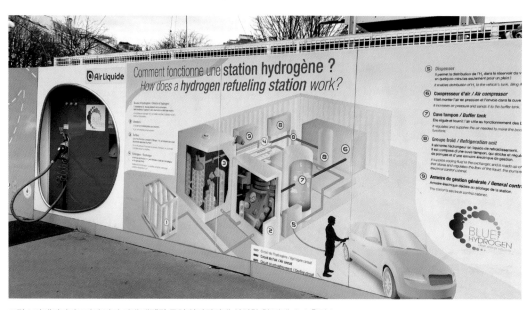

프랑스의 에어리퀴드사가 파리 시내 에펠탑 근처 알마광장에 설치한 첫 번째 수소충전소

02

지속가능한 교통

Sustainable Transport

세계에서 가장 긴 트램 노선의 오스트레일리아 멜버른,
보행자, 자전거와 공유하는 통합가로

지속가능성이란 미래 세대가 사용할 환경 및 교통 등의 자원을 낭비하거나 여건을 저하시키지 않고 현재와 균형을 이루는 것을 말한다. 환경적으로 지속가능 교통은 지금이야말로 전 세계적으로 주요테마이다. 이를 실천하기 위해서 환경 외에도 경제, 사회 등 폭넓게 타 분야와 연계하고, 시민과 기업, 자치제와 정부 등 사회 전체가 협동해 앞으로 대응해야 할 과제로 인식하고 있다.

지속가능한 교통을
생각한다

지속가능성이란 무엇일까

'지속가능성'이란 현재 세대의 필요를 충족시키기 위해 미래 세대가 사용할 경제, 사회, 환경, 교통 등의 자원을 낭비하거나 여건을 저하시키지 않고 서로 조화와 균형을 이루는 것을 말한다. 그리고 '지속가능 교통물류체계'는 이를 기초로 사람과 화물 등의 이동성과 접근성 향상 등 교통물류의 발전을 이루는 교통물류체계를 말한다.

「지속가능발전법」에서는 국가이행계획의 추진상황을 점검하고 지속가능발전지표의 작성, 보급 및 지속가능성을 평가하고 있다. 특히 기후변화, 에너지 위기 및 환경보호 요구 등 교통물류의 여건 변화에 대응하는 지속가능 교통물류정책의 경우 지난 2013년 「지속가능교통물류발전법」을 제정해 현재 세대와 미래 세대를 위한 교통물류의 지속가능 발전기반을 조성하고 국민경제의 발전과 국민의 복리향상에 이바지하는 것을 목적으로 하고 있다. 이는 2018년 7월, 제1차 지속가능 국가교통물류발전 수정 기본계획으로 수정 발표하였다.

지속가능 국가교통물류발전의 수정계획은 '효율적인 친환경 교통체계 구축을 통한 글로벌 선도국가 구현'을 비전으로 삼고, 친환경, 사람 중심의 녹색교통 구현, 저탄소 고효율 교통물류체계 구축, 녹색교통물류 신성장 동력 창출을 목표로 2030년 교통부문 온실가스 배출전망치(BAU) 대비 24.6%를 감축할 예정이다.

5개 분야의 세부 과제를 살펴보면 대중교통 운영활성화, 교통수요관리 강화, 비동력 및 무탄소 교통수단 활성화, 저탄소 교통물류체계 구축, 친환경 교통물류 기술개발 및 보급이다.

지속가능 국가교통물류발전 수정계획의 추진전략 및 세부과제

대중교통 운영 활성화	• BRT운영 확대 • 도시광역철도 확충 • 고속화철도망 구축 • 대중교통연계 서비스 강화
교통수요관리 강화	• 자동차 공동이용 제도 확대 • 지속가능교통 개선대책지역 관리 및 개선
비동력·무탄소 교통수단 활성화	• 보행자중심의 교통문화 확대 • 자전거전용도로 구축 확대
저탄소 교통 물류체계 구축	• 교통물류거점 연계교통망 구축 확대 • 도로화물의 철도 및 연안해운 전환교통 촉진
친환경 교통물류 기술개발 및 보급	• 친환경차 보급 및 이용기반 확대 • 자가용 평균연비 제도도입 및 강화

자료 : 국토교통부(2018. 7), 제1차 지속가능 국가교통물류발전수정기본계획(2018~2020)

유럽, CIVITAS로
지속가능교통을 공유하다

지속가능한 모델로 각광받는 CIVITAS

유럽위원회(EC, European Commission)의 에너지·교통총국은 2002년부터 교통정책과 도시재생 분야에서 선도적인 역할을 하는 도시에 경쟁적 자금을 배분하는 CIVITAS(City VITAlity Sustainability)를 시행하고 있다. 이는 환경친화적이며 에너지 효율적으로 지속가능한 도시교통을 실현하기 위한 교통정책프로그램으로, EU 가맹국의 여러 도시가 이 프로젝트에 참여하고 그 성과를 각 도시 간 정보를 공유하고 확대, 보급시키는 데 선도적인 역할을 하고 있다.

이 프로젝트는 교통 및 환경, 기술개발 정책을 토대로 CIVITAS에 의한 혁신적인 시책의 지원, 친환경자동차와 대중교통 이용촉진을 위해 추진했다. 특히 에너지와 환경오염 측면에서 화석연료의 집중을 분산시키기 위해 대체에너지 개발 필요성이 제기되고 있는 현실에 맞게, 초장기적으로는 수소에너지와 천연가스 개발, 단기 및 중기적으로는 바이오연료를 개발하고 이용하며 적극적으로 참여하는 데 의의를 둔다.

CIVITAS 프로젝트의 목적은 지속가능한 녹색성장과 에너지 효율적인 도시교통정책 실시 등에 관한 관련 기술은 물론 ① 대체연료와 에너지 효율적인 친환경차량, ② 대중교통서비스와 연계체계, ③ 교통수요관리 전략, ④ 여행정보제공 효과, ⑤ 모든 사람의 안전한 이동성 보장, ⑥ 혁신적인 교통서비스, ⑦ 물류교통, ⑧ 교통 정보통신의 활용, 총 8개 분야의 정책으로 이루어져 있다.

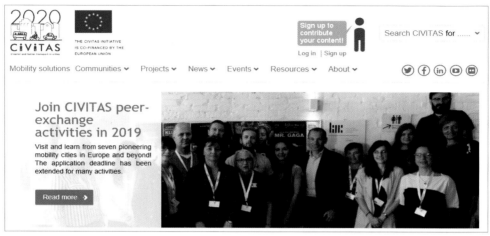

CIVITAS 웹사이트
civitas.eu

더 넓고 다양해진 CIVITAS 포럼

매년 개최하는 CIVITAS 포럼은 프로젝트에 참가하고 있는 도시와
CIVITAS에서 성공적으로 시행되고 있는 시책의 도입을 검토하고 있는
도시들이 참가하고 있다. 현재 100개 이상의 도시가 참가하고 있으며,
시책의 높은 성과를 올리고 있는 참가 도시는 표창하고 이를 벤치마킹해
이를 도입하고자 하는 도시와의 정보를 교환하는 플랫폼이 되고 있다.

　PAC위원회(Policy Advisory Committee)는 CIVITAS 포럼 참가 도시의 시
의회 의원 등 정치인으로 구성된 위원회로, 포럼의 주제와 개최지를 결
정하고 있다. 또한 CIVITAS의 시책을 실행할 때 행정만으로 해결할 수
없는 문제를 검토하고 유럽위원회에 법적 또는 정치적인 제언을 하고
있다.

CIVITAS GUARD & METEOR는 민간 컨설턴트와 대학 등으로 구성되어 있으며 참가 도시의 지원, 유럽위원회의 지원을 목적으로 한 조직이다. 프로젝트의 모니터링, 평가, 정책제언, 보급 등 CIVITAS의 활동을 지원하고 있다.

CIVITAS에 참여하는 유럽도시들

맨 처음 CIVITAS I 프로젝트에는 2002년부터 2006년까지 19개 도시가 참가해, 4개 그룹의 도시별 시책에 총 5,000만 유로가 지원되었다. 2단계인 CIVITAS Ⅱ 프로젝트는 새로운 17개 도시가 참가해 2009년까지 성공적으로 마무리되었다.

CIVITAS 플러스 프로젝트는 2008년부터 2012년까지 가장 많은 25개 도시가 참여해, 과거 참가 도시는 차기에 선도도시 경우에만 가능하고, 그 외 도시는 참가할 수 없도록 했다. CIVITAS 플러스 Ⅱ는 2개 프로젝트에 8개 도시, CIVITAS H2020 프로젝트는 2016년부터 2020년까지 3개 프로젝트에 17개 도시가 참여하고 있다.

CIVITAS 프로젝트에 참가한 도시가 실행하는 시책은 8개 분야의 틀 안에서 시민들의 의견을 반영한 각 도시의 독자적인 프로그램이 상향식의 제안 절차로 이루어지며, 이에 대한 구체적인 내용과 방법 등은 그룹별로 다르다. 그리고 각 그룹은 모든 시책 분야를 강력하게 실행하는 선도도시와 시책이 적고 강도가 약한 추종도시로 나누어 형성되어 있다. 참가 도시의 상당수는 시 중심부가 세계유산으로 지정되어 있고, 자동차 통행 제한과 혼잡통행료 징수 등 교통수요관리가 비교적 쉬운 환경을 갖추고 있다.

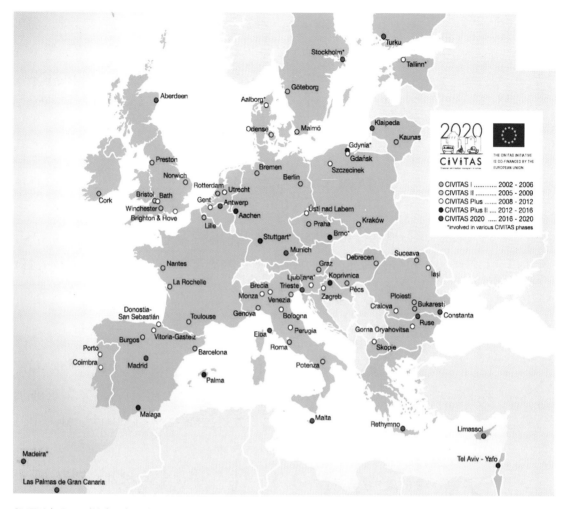

CIVITAS 는 2002년부터 유럽 85개 도시가 19개 프로젝트에 참가하여
친환경적인 교통인프라 구축에 앞장서고 있다.

일본의 EST로 시작된, 지속가능 교통

환경적으로 지속가능한 교통(EST, Environmentally Sustainable Transport)은 1990년대 후반에 경제협력개발기구(OECD)가 이 명칭의 검토 프로젝트를 시작한 것을 계기로 지구온난화 방지를 위해 유럽을 중심으로 널리 보급되기 시작했고, 일본에서도 이를 목표로 한 교통정책 방향을 수립해 적극적으로 추진하고 있다.

일본은 운수 부문이 지구와 지역 환경에 미치는 모든 부하를 줄이고, 특히 온난화 사회를 벗어나기 위한 목표로 온실효과가스의 장기적 및 계속적인 배출을 삭감한다. 기본적인 개념은 다음과 같다.

EST 기본 개념	
	교통에 있어서 환경, 경제, 사회 각 측면에 관해 지속가능성 배려
	자동차단체 등을 대표로 하는 운수 부문의 기술혁신 촉진
	친환경교통수단의 교통행동 전환과 사회의식의 조성과 행동 권장
	지방자치단체와 교통사업자 등 지역교통 관련 주체의 EST 참가와 연계 촉진
	EST 실현을 염두에 둔 지역교통계획의 수립과 평가, 재검토 프로세스의 확립
	EST 실현을 목표로 한 다양한 정책수단의 조직적 활용
	EST 사회를 목표로 하는 지역간의 연계 확보

온실효과 가스의 배출 억제의 필요성과 목표는 당면하고 있고 가장 중요한 환경문제 중의 하나인 각 지역 지구온난화에의 대처 필요성과 긴급성에 있다. 그리고 각 지역에 있어서의 Back casting 수법(BaU,

Business as Usual), 특별대책을 강구하지 않은 경우 시나리오를 미리 장기적으로 달성해야 할 환경목표를 설정하고, 그것을 달성하기 위한 정책 프로그램을 책정·실시하는 어프로치의 도입을 촉진한다.

일본은 2018년 6월, 자전거활용추진계획을 수립, 'GOOD CYCLE JAPAN' 캐치프레이즈를 내걸고 주로 '환경', '건강', '관광', '안전' 4개 분야의 정비를 추진하고 있다.

지구온난화 대책을 마련하는 EST 모델사업

일본 국토교통성 환경행동계획에 의하면 공공교통기관의 이용을 촉진하기 위해 자가용 자동차에 과도하게 의존하지 않는 등 환경적으로 지속가능한 교통(EST) 실현을 목표로 하는 선도적인 지역을 모집해 모델사업을 진행하고 있다. 이를 위한 혁신적이며 종합적인 대책으로 차세대형 노면전차시스템 정비와 버스 활성화 등의 공공교통기관의 이용촉진, 자전거 이용 환경 정비, 도로정비나 교통규제 등의 교통류의 원활화 대책, 저공해차의 도입 촉진 등의 분야에 지원책을 집중적으로 강구하는 등 지역의 의욕적이고 구체적인 우수 사례에 대한 연계시책을 강화하고 있다.

이와 같이 국토교통성의 환경행동계획 EST 모델사업은 2005년 4월 28일 내각회의에서 결정한 교토의정서 목표달성계획인 '환경적으로 지속가능한 교통(EST)의 실현'에 근거한 시행으로 정부에서는 본 사업에 관련된 관계부처 간의 긴밀한 연계를 유지하면서 사업을 추진하고자 하고 있다.

전국의 EST모델 시범사업은 이전에 27개 지역(2004년 11개, 2005년 10개, 2006년 6개 지역)이 선정되었고 관계부처와 연계하면서 지구온난화 대책을 마련하는 것을 목적으로 사업을 실시하고 있다. 그리고 매년 지역의 관계자들이 한자리에 모여 EST 스타트 세션(EST Start Session)이라는 심포지엄을 개최해 응용 가능한 공유 지적재산을 널리 제공하고 각 지역 EST모델 추진상황에 대한 다양한 의견을 마련하는 등 전국적인 EST 실현을 위해 노력하고 있다.[7]

---

7) 2019년 5월 13일 「제12회 EST보급추진포럼」을 개최 (자료 : http://www.estfukyu.jp/forum12.html)

아울러 국토교통성은 EST 적용과 보급, 추진을 위해 환경성, 경찰청과 연계해 지방자치단체나 교통사업자 등에게 활발한 홍보 및 보급 활동을 펼치고 있다. 한편, EST 보급추진위원회 교통에코로지−모빌리티재단(交通エコロジ−モビリティ財団)에서 운영, 관리하는 '환경적으로 지속 가능한 교통 보급사업'에 참가하고, 2019년에는 제10회를 맞이해 국토교통대신(国土交通大臣), 환경대신(環境大臣)이 EST 교통환경대상 등을 수상했다. 이 자리에는 토목학회, 교통공학연구회, 일본교통계획협회, 일본자전차보급협회 등 관련 학회가 모두 참여했다.

특히 EST의 포털사이트(http://www.estfukyu.jp)에는 모든 지방자치단체를 비롯해 연구기관, 시민단체, 교통사업자 등 단체별, 시책별로 지금까지 수행한 보급 사업에 대한 모든 데이터를 검색할 수 있도록 링크 모음이 잘 정리되어 있다.

환경적으로 지속 가능한 교통(EST) 모델 사업[8]

일본에서는 환경적으로 지속 가능한 교통 실현을 목표로 선도적인 지역을 모집해 관계부처와 연계를 맺어 집중적으로 지원한다. 또한 환경목표의 설정과 검증 과정을 거쳐 시행효과의 지속성 확보 등 환경적 관점에서 시착 효과를 확보한다. 이를 위해 자치단체, 지역경제계, 교통사업과 도로관리자, 경찰, NPO 등 지역의 모든 관계자가 참여해 사업을 추진한다.

환경적으로 지속 가능한 교통 모델 사업은 환경의 개선을 목적으로

8) 자료 : http://www.estfukyu.jp/mezashite.html#3

공공교통기관의 이용 촉진, 자동차교통류의 활성화, 보행자자전차 대책, 저공해차 도입, 보급개발 등을 목표로 한다. 나아가 공공교통기관의 이용 촉진을 위해 출퇴근 시 개인차량 이용 제한 등의 출근 교통관리, LRT정비 철도 활성화, 서비스, 버스정류장 등의 개선을 통한 버스 활성화를 시행한다. 교차로 개방, 노상공사의 축소, 병목지점 해소 등을 통한 도로 정비, 버스전용 우선차선, 불법주차 대책 등의 교통 규제로 자동차 교통류의 활성화를 추진한다. 보도, 자전거도 주차장 등을 정비해 보행자, 자전차를 위한 대책을 마련한다. 또한 CNG 버스 도입과 저공해 차량 우대로 이를 활성화할 계획이다.

환경적으로 지속 가능한 교통 모델 사업은 CO_2배출 저감량 등 환경 개선 목표를 설정해 운용하고, 시행주체의 자립적 시행 확보를 통해 이를 지속적으로 시행한다. 이와 같은 교통환경을 개선하는 선도적 사례는 전국적으로 확대해나갈 방침이다.

일본의 철도역 접근 교통수단인
자전거의 주차장 건물
(삿포로역)

03

교통수요관리

Transport Demand Management(TDM)

이탈리아 밀라노
중앙역으로 이어지는
방사형 간선도로의
통행제한

교통수요관리(TDM)란 교통혼잡을 완화하기 위해 교통정체의 주요 원인이 되는 자동차 통행을 줄이거나 통행 유형을 시간적, 공간적으로 분산하고 다른 교통수단으로 전환, 통행량을 분산시키거나 감소시키는 것을 말한다. 특히 교통부문 온실가스 감축을 위해서 무엇보다도 자동차 통행을 줄이는 것이 필요하므로 이를 실천하기 위한 제도와 교통수요관리 전략이 중요하다.

교통수요관리, 차량통행을 줄이다

사람과 차를 위한 교통수요관리

교통수요관리(TDM, Transport Demand Management) 정책은 「도시교통정비촉진법」의 근간을 이루며 도시교통정비의 중요한 역할을 했다. 특히 1988년 서울올림픽을 앞두고 우리나라 정부도 도시지역에서 날로 심각해지는 교통난을 해소하고 교통수단 및 교통편의 효율성을 높이고 도시교통관리체계를 정비하기 위해 지난 1986년 「도시교통정비촉진법」을 제정했다.

이 법은 '도시교통정비기본계획'을 수립하도록 하는 등 도시교통체계 전반을 다루었지만, 무엇보다 대량의 교통수요를 유발할 우려가 있는 사업 또는 시설은 미리 영향평가를 받도록 한 '교통영향평가제도' 도입이 주요 포인트라고 할 수 있다. 그리고 백화점, 예식장 등 교통혼잡을 유발하는 시설물에 교통유발부담금을 징수하는 법적 근거를 마련하게 되었다.

서울시에서도 1995년 서울시 교통유발부담금경감 등에 관한 조례를 제정해, 교통유발부담금 징수제도와 연동된 교통수요관리 정책을 도입해 자발적으로 교통량을 감축하는 사업체에 부담금을 경감해주는 '교통수요관리제도'를 시행해오고 있다.

또한 정부도 1996년에 도시교통정비촉진법 개정 법률에서 교통수요관리를 명시하고, 평균주행속도가 시속 20㎞ 이하인 편도4차선 이상 도로와 시속 16㎞ 이하인 편도3차선 이하 도로에 혼잡통행료 징수가 가능하다는 법적 근거를 마련했다. 이에 서울시는 평균주행속도 조건에 부합하는 남산 1호 터널과 3호 터널을 시범사업 대상으로 선정하고 1996년 11월 해당 터널에서 2인 이하 승용차를 대상으로 혼잡통행료 징수를 시작했다.

가장 대표적인 교통수요관리 차원의 주차정책은 주차상한제도이다. 주차상한제는 교통혼잡을 가중시킬 우려가 있는 지역에 부설주차장 설치를 제한할 수 있으며, 주차장 설치 제한지역 및 설치기준을 자치단체의 조례로 정하고 있다. 서울시에서 1996년 8월 처음으로 부설주차장을 설치하면서 교통수요를 유발할 수 있는 지역에 주차상한제 도입을 추진했다.[9]

「도시교통정비촉진법」 제33조에 근거해 도시교통의 소통을 원활하게 하고, 대기오염을 개선하며, 교통시설을 효율적으로 이용하기 위해 관할 지역 안의 일정한 지역에서 자동차의 운행제한, 승용차부제 및 혼잡통행료에 관한 사항을 비롯해 교통수요관리를 할 수 있다.

교통수요관리 수법
- 자동차의 운행제한 및 승용차부제
- 혼잡통행료의 부과 및 징수
- 주차수요관리
- 승용차공동이용 지원
- 자가용 승용자동차 함께 타기
- 원격근무, 재택근무 지원
- 보행, 자전거, 대중교통의 통합교통체계의 구축
- 보행자 및 대중교통전용지구의 지정 및 운용 등

9) 이광훈 (2017), 『서울교통정책변천사』, 서울연구원.

싱가포르 시내 곳곳에 설치된 실시간 주차장 안내표지판

교통수요관리의 대표적인 싱가포르는 세계가 주목하는 자동차 등록 대수 할당 시스템(Vehicle Quota System)을 오래전 1990년에 성공적으로 도입, 매년 폐차대수를 고려하여 차량의 총량을 규제하고 있다. 그리고 일찍이 전자요금징수 ERP(Electronic Road Pricing)을 도입함으로써, 차 없이도 쉽게 이동할 수 있도록 대중교통체계를 지속적으로 정비하고, 세계 어느 도시에서도 볼 수 없는 평일 아침 7시 45분까지 도시부 16개 지하철역을 무료 운영하고 있다.

서울 4대문 도심지역은 부설주차장 설치제한 지역 (주차상한제)

모두가 함께 참여하는 기업체 교통수요관리

기업체 교통수요관리란 승용차 이용 억제, 대중교통수단 전환 등을 통한 교통혼잡 완화와 저탄소 녹색교통을 실현하기 위해, 기업체에서 자발적으로 교통량 감축활동에 참여하면 이행 결과에 따라 교통유발부담금 감면혜택을 부여한다. 구체적인 시행내용은 서울시 기업체 교통수요 관리 웹사이트(https://s−tdms.seoul.go.kr), 요일제 프로그램은 서울시 승용차요일제 및 승용차마일리지 지원에 관한 조례에 제시되어 있다.

교통유발부담금은 교통혼잡을 완화하기 위해 원인자 부담 원칙에 따라 혼잡을 유발하는 시설물에 부과하는 경제적 부담이다. 근거 법령은 도시교통정비촉진법과 서울시 교통유발부담금 경감 등에 관한 조례다.

교통유발부담금 산정기준은 「도시교통정비촉진법」 제37조에 따른다. 이 조항의 제1항은 '시설물에 대한 부담금은 시설물의 각 층 바닥면적의 합계×단위부담금×교통유발계수를 계산한 금액으로 한다. 이 경우 시설물이 복합용도인 경우에는 대통령령으로 정하는 바에 따라 계산한 금액으로 한다'고 되어 있으며, 제2항에서는 '제1항에 따른 단위부합금과 교통유발계수는 이용자 수, 매출액, 교통 혼잡 정도 또는 시설물의 용도 등을 고려해 대통령령으로 정하되, 시장은 조례에 따라 시설물의 위치, 규모, 특성 등을 고려해 단위부담금과 교통유발계수를 100분의 100의 범위에서 상향 조정할 수 있다'로 명시했다.

기업체 교통수요관리제도의 참여 대상은 부담금 대상시설물로서 각 층 바닥면적을 합한 면적이 1,000㎡ 이상인 시설물이며, 종사자와 이용자의 승용자동차를 대상으로 한다. 인터넷을 통해 신청할 수 있고, 참여혜택은 감축프로그램별로 참여 정도와 이행 결과에 따라 0~50% 차등 경감한다. 참고로, 서울시 기업체 교통수요관리 프로그램에 참여하는 기업 수는 도입 초기 10% 수준에서 2000년 중반에는 대상 기업 4,8797개 기업 중 882개 기업이 참여해 18%에 이른다.

서울시 기업체 교통수요 관리 교통량 감축은 11개 프로그램을 운영하고 있으며, '서울시 2019년 교통량 감축 프로그램 세부이행 기준'에 따르면 요일제와 5부제 및 2부제 등 승용차부제, 주차장 유료화, 주차장 축소, 주차유도시스템, 자전거 이용, 유연근무제, 통근버스 운영, 셔틀버스 운영, 업무택시, 나눔카 이용 등이다.

교통수요관리,
어떻게 잘 추진할 것인가

TDM 추진계획, 일방적인 정책이 아닌 참여형으로

국토교통부에서 지난 2018년에 수립한 '제1차 지속가능 국가교통물류발전 수정 기본계획(2018–2020)'에서 제시하고 있는 교통수요관리 강화를 위한 세부 추진과제의 주요 내용을 살펴보자.

먼저, 자동차 공동이용제도 확대의 경우 카셰어링, 즉 여러 사람이 공동으로 한 대의 자동차를 필요할 때마다 이용하는 자동차 공동 이용 제도(Car Sharing)의 확대 시행을 통해 승용차 보유 억제 및 주차문제를 해소한다.

추진계획은 아파트와 건물 등 대규모 주거, 업무단지 내 카셰어링 전용주차장을 마련하고, 카셰어링 전용차량 확대 배치, 카셰어링 업체에 운전자격 확인의무 부여 및 시스템 개선을 추진할 예정이다. 아울러 카셰어링 시범도시를 지정해 편도서비스 활성화, 공영주차장 제공, 교통유발부담금 감면 등을 지원한다. 승용차 억제 등 경제적 규제방안 확대도 빠뜨릴 수 없다.

주차장 위치 및 주차면수의 실시간 검색이 가능한 스마트 주차 시스템을 구축해 도심지역의 무분별한 승용차 이용을 억제하는 등 주차제도를 개선한다. 대규모 교통유발 시설물의 교통유발부담금을 상향 조정하고, 교통유발부담금 면제 대상에 부담금 징수 방안을 마련하는 교통유발부담금 제도 역시 개선한다. 또한 도심 진입차량 억제와 교통혼잡 완화를 위한 혼잡통행료 대상지역을 단계적으로 확대 추진하고, 징수요금 수준을 조정하는 도심혼잡통행료 부과 등 원인자 부담 원칙을 강화한 경제적 규제방안을 확대 추진한다.

IT를 기반으로 한 원격근무도 활성화한다. 재택근무, 스마트워크센터 근무 등 원격근무 활성화로 불필요한 통행을 억제하고, 저탄소 업무 환경을 조성하기 위해 최고 수준의 IT 기술을 기반으로 재택근무 또는 스마트워크센터 근무 방식을 확산한다. 빅데이터를 이용, 분석해 업무 통행이 많은 곳을 행정자치부와 공동으로 원격근무센터로 지정 설립하고, 주요 도시의 공공기능을 네트워크화한 스마트시티 구축을 통해 원격근무 확산 기반을 마련한다. 참고로 2015년 기준 전국 원격근무센터 17개소를 연간 11만 명이 이용했다.

스웨덴의 스톡홀름 중앙역으로 이어지는 트램웨이는 도심진입의 차량을 억제하여 혼잡을 해소한다.

교통수요관리로 대기환경 개선을

노후경유차 운행 제한지역(LEZ, Low Emission Zone)을 지정 운영해 쾌적한 대기환경을 조성하고, 온실가스 배출 감소 및 대중교통 이용을 향상시킨다. 대기환경 개선을 위해 필요하다고 인정되는 지역에 노후경유차 중 배출 허용기준을 초과한 종합검사 불합격 차량, 매연 저감장치 부착(DPF), LPG 엔진 개조, 조기폐차 등 저공해 조치명령 미이행 차량을 대상으로 운행을 제한한다. 특히 2020년까지 대기관리권역에 등록된 노후경유차를 대상으로 서울시 전 지역에서 수도권 전 지역으로 운행 제한지역을 확대 시행할 예정이다.

지속가능교통 개선대책지역 관리 및 개선의 경우, 교통물류 온실가스 배출량, 교통혼잡 등에 적절한 수준으로 유지가 곤란한 교통물류권역을 특별대책지역으로 지정, 교통물류 체계의 지속가능성 개선을 도모한다.

매년 인구 10만 이상 도시 교통물류권역의 지속가능성을 조사 및 평가하고, 기준을 충족하지 못하는 경우에는 특별대책지역에 지정한다. 특히 서울시에서 한양도성 내부(16.7㎢)를 '녹색교통진흥 특별대책지역'으로 지정('17. 3 고시)해 서울시의 추진현황 등을 검토한 후 재정지원과 요건완화 등 특별대책지역 활성화 방안을 마련할 계획이다.

한편 「미세먼지 저감 및 관리에 관한 특별법」 제18조(고농도 미세먼지 비상저감조치) 등에 따라 고농도 미세먼지가 일정 수준 이상으로 발생할 것이 예상될 때 단기적으로 이를 줄이기 위하여 차량 2부제 등 차량운행제한을 시행하고 있다.[10]

---

10) 환경부, 고농도 미세먼지 비상저감조치 시행지침, 2019.2.

모빌리티 매니지먼트,
대중교통 전환을 이끈다

모빌리티 매니지먼트(MM, Mobility Management)[11]란 해당 지역이나 도시가 과도하게 자동차에 의지하는 상태로부터 대중교통이나 도보 등을 포함한 다양한 교통수단을 적당히 이용하는 상태로 조금씩 바꾸어주는 일련의 대처 방안을 의미한다.

시책목표는 교통수요관리와 같지만, 환경이나 건강 등을 배려한 교통행동을 대규모이면서 개별적으로 접근해가는 커뮤니케이션 시책을 중심으로, 주민 한 사람 한 사람이나 각각의 직장조직 등에 제의해 자발적인 행동전환을 유도해나가는 점이 큰 특징이다.

모빌리티 매니지먼트를 고려한 교통수요관리

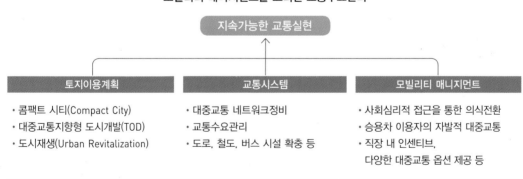

지속가능한 교통실현		
토지이용계획	**교통시스템**	**모빌리티 매니지먼트**
• 콤팩트 시티(Compact City)	• 대중교통 네트워크정비	• 사회심리적 접근을 통한 의식전환
• 대중교통지향형 도시개발(TOD)	• 교통수요관리	• 승용차 이용자의 자발적 대중교통
• 도시재생(Urban Revitalization)	• 도로, 철도, 버스 시설 확충 등	• 직장 내 인센티브, 다양한 대중교통 옵션 제공 등

자료 : 이춘용·노정현(2010. 9), 「자발적인 승용차 이용 저감을 위한 모빌리티 매니지먼트 도입방안 연구」, 『국토연구』 제66권.

11) 国土交通省(2007.3), 『モビリティ·マネジメント−交通をとりまく様々な問題の解決にむけて』

또한 커뮤니케이션 시책을 중심으로 교통시스템 운용개선 등의 교통수요관리 시책, 교통시스템 자체의 개선이나 신규 도입, 시책의 실시주체의 조직개편이나 새로운 조직구축 등을 실시한다.

이는 사람들의 교통행동은 교통시스템이나 시설변화에 따라 바뀌고 동시에 사람들의 의식도 바뀌는 것이라는 당연한 사실에 주목하고 있다. 사람들의 의식을 바꾸는 커뮤니케이션 시책을 실시해가면서 한편으로 여러 교통시스템이나 그 운영 개선을 균형 있게 진행시켜 나간다.

그러나 이제까지 교통시책에서는 이와 같은 당연한 사실, 즉 사람들의 의식을 바꿀 수 있는 커뮤니케이션 정책을 충분히 고려하지 못했다. 따라서 잘 정비한 교통인프라의 실효성을 잘 모르고 효과를 충분히 발휘하지 못했다고 할 수 있다. 이 점을 고려해 기존 교통인프라의 유효한 이용을 위해서라도 모빌리티 매니지먼트가 필요한 것이다.

모빌리티 매니지먼트의 목표
- 지구온난화 대처
- 이산화탄소 저감
- 환경친화적 교통
- 녹색성장 등

이탈리아 베로나 시내를 주행하는 천연가스버스

모빌리티 매니지먼트의 커뮤니케이션 방법

먼저, 커뮤니케이션 방법은 자발적인 행동변화를 유도하는 가장 기본적인 방법으로 사람들의 의식과 인지에 커뮤니케이션을 통해 직접 행동변화를 일으키게 하는 시책이다. 그 외에도 자발적인 행동변화를 유발시키는 목적으로 대중교통의 편리성 향상이나 요금시책 등 교통정비, 운용 개선 시책을 일시적으로 실시하는 것만으로도 자발적인 행동변화를 이끌 수 있는 일시적인 교통 운용 개선시책 방법이 적용된다.

자발적인 행동변화를 유도하는 커뮤니케이션 방법

의뢰법	단순히 의뢰함으로써 행동변화 의도가 활성화된다.
행동플랜법	행동을 변하게 한다면 구체적으로 어떻게 실행할 것인가의 행동플랜을 정해 요청하는 것으로 효과적인 방법으로 밝혀지고 있다.
어드바이스법	행동변화에 필요한 정보를 어드바이스하는 형태로 제공하는 방법이다. 개별적으로 할 것인지 집단적으로 어드바이스하는지에 따라 달라진다.
피드백법	각기 행동 결과를 보고 피드백하는 것으로, 자기 자신의 행동에 대한 주의를 환기해 행동 변화의 계기로 삼도록 하는 것이다.

한편, 피드백 프로그램인 TFP(Travel Feedback Program)는 모빌리티 매니지먼트의 대표적인 커뮤니케이션 시책이다. TFP는 여러 차례의 개별적인 교환을 통해 대상자의 자발적인 교통행동 변화를 기대한다. 또한 모빌리티 매니지먼트 추진절차는 크게 사전 설문조사, 모빌리티 매니지먼트 실시, 사후 설문조사, 행동변화에 관한 피드백 설문조사 등 네 단계로 나뉜다. 이 중 네 단계를 모두 하는 것을 풀셋TFP라 하고, 첫 번째와 두 번째 단계는 간이TFP로 불린다.

모빌리티 매니지먼트를 실시하는 대상은 개인 및 세대 외에 직장이나 학교 등의 조직, 특정 수단이나 노선 이용자, 연선주민 등 특정 대상이 될 수 있다.

일본의 모빌리티 매니지먼트 전개

일본 모빌리티 매니지먼트의 실무적인 적용이나 학술적 실험 사례는 1990년대 후반부터 다양하게 진행되어 왔으며, 향후 더 발전하려면 각 사례에 참여했던 실무자나 행정기관 및 연구자가 적극적으로 정보교환을 계속해가는 것이 매우 중요하다.

이와 같은 인식하에 일본 모빌리티 매니지먼트 회의(JCOMM, Japanese Conference On Mobility Management)를 정기적으로 개최했다. 적절한 형태의 모빌리티 매니지먼트를 효과적이고 광범위하게 추진하고 지원하기 위해 국토교통성과 토목학회가 공동주최하는 형태로 다양한 입장의 모빌리티 매니지먼트 관계자들이 한자리에 모이는 것이다.

일본 모빌리티
매니지먼트 회의
JCOMM
www.jcomm.or.jp

현재 일본 모빌리티 매니지먼트 회의의 회원 수는 19개 자치단체와 29개 법인회원, 개인회원이 108명으로, 매년 회의의 지속적인 개최와 운영을 주된 사업으로 2019년 현재 14회째를 맞고 있으며 그 외에도 홈페이지의 관리, 회의 뉴스레터 발행 등의 사업활동을 활발히 펼치고 있다.

후쿠오카, 가정방문형 모빌리티 매니지먼트

후쿠오카시는 도심지구의 자동차 집중에 의한 교통정체와 환경문제 등이 발생해 각종 시책이 추진되어 왔지만 여전히 심각한 상황이어서, 지역주민들을 대상으로 한 모빌리티 매니지먼트 TFP를 전개함으로써 교통문제를 해소하고자 했다.

우선 후쿠오카 시내에서 자동차에 과도하게 의존하고 있다고 생각되는 지역 세 곳을 선정해 설문조사하고 지역의 특성을 파악했다. 그중 미나미쿠 나가즈미(南長住) 지역이 교통행동변화 효과를 가장 기대할 수 있다고 판단해 지역 주민들을 대상으로 프로그램을 실시했다.

제1단계의 사전 교통행동조사에서 응답자 1,054명 가운데 자동차로 도심부로 통행하지만 교통수단 전환 가능성이 있는 대상자 488명을 추출했다. 그리고 가정방문에 의한 커뮤니케이션 그룹은 대체로 15분 정도에 걸쳐 프로그램의 취지를 설명하고 모빌리티 매니지먼트 행동플랜 표 배포와 기입을 의뢰하고 다음 방문도 예약했다.

한편 프로그램에 더 관심 있고 대중교통 이용빈도가 높지 않은 대상자에는 다시 가정방문해 시내인 텐진까지 버스체험 승차 티켓을 제공해 행동변화를 촉진하기 위해 편의를 제공했다. 그 후 실시 전후 단기적인 태도 및 교통행동 변화를 계측하고 이 조사 결과를 바탕으로 프로그램 효과를 분석해, 자동차 이용 감소량이 많은 대상자에게는 사후 피드백을 갖고 중기(中期)적인 태도 및 교통행동 변화 상황을 파악했다.

이 조사 결과 2개월 후 자동차 이용시간이 22% 감소한 것은 물론 8개월 후에도 효과는 25% 지속한 것으로 확인되었다. 사후조사에서 프로그램의 취지를 이해했다고 응답한 이들의 자동차 이용시간은 전체보다 29% 큰 감소세를 보여주었다.

또한 커뮤니케이션 부스를 한 번이라도 이용했다고 응답한 대상자의 경우에도 자동차 이용시간은 전체보다 24% 감소한 것으로 나타났다. 실제 이런 정보를 제공함으로써 교통행동에 영향을 줄 수 있다는 가능성을 알게 되었고, 환경에 관한 지표로는 22%의 이산화탄소 감소 효과를 확인할 수 있었다.

교통에코로지·모빌리티 재단
(交通エコロジー—モビリティ財団)
에서는 모빌리티·매니지먼트 교육의
보급을 목표로 각 지자체에 대한
지원을 하고 있다.

자료 : 교통에코로지·모빌리티 재단의 MM 교육 포털사이트 http://mm-education.jp/activity.html

니시테츠후쿠오카(텐진)역 바로위에 위치한 니시테츠텐진(西鉄天神)고속버스터미널,
후쿠오카 시내에서 큐슈와 혼슈, 시코쿠 등 각 지역을 연결하는 복합환승터미널이다.

04

혼잡통행료

싱가포르에 설치된
전자요금징수 ERP
실시간 통행량에 따른
요금체계 조정

혼잡통행료는 교통량 감소효과로 도로혼잡을 완화하고 통행료 수입의 경제적 효과를 통해 도시경쟁력을 갖추는 교통수요관리(가격관리 등)의 방안이다. 유럽 여러 도시를 중심으로 성공적으로 운영하고 있으며, 수요관리의 중요성이 점차 부각되면서 OECD에서도 교통정체로 인해 발생하는 혼잡 비용, 환경오염 등 비경제적 효과를 줄이기 위해 혼잡통행료 확대를 권고하고 있다.

혼잡통행료,
왜 거두고 어디에 쓰일까

도시교통정비촉진법 제2조에 따르면 혼잡통행료(Congestion charge)는 교통혼잡을 완화하기 위해 정체가 심한 도로나 지역을 통행하는 차량이용자에게 통행수단 및 통행경로 및 시간 등의 변경을 유도하려는 목적으로 부과하는 경제적 부담을 말한다. 실제 교통시설의 확충이 한계에 도달하게 되면 도심 진입차량을 감축시키거나 우회하여 교통수요를 조절할 수밖에 없다. 즉 교통혼잡을 유발하는 차량에 대해 도로 혼잡비용을 징수해 통행수요를 저감시키는 교통수요관리 방안 중 하나다.

교통경제학에서는 혼잡요금, 혼잡세로 부르기도 하고, 지체완화 목적의 도로부과금(Road pricing)을 일컫는다. 그 외에도 유럽 여러 도시에서 LEZ(Low Emission Zones), LTZ(Traffic Limited Zone) 등의 용어를 사용하고 있다.[12]

12) https://urbanaccessregulations.eu

교통량 감소효과로 도로혼잡으로 인한 환경오염과 교통정체를 해소하는 것은 물론 징수한 요금으로 자전거도로, 보행공간, 존30 등에 투자하고, 교통사고와 소음 및 대기오염을 줄여서 지속가능한 교통 환경을 만드는 것이다.

혼잡통행료의 유형은 혼잡 간선도로, 고속도로 등 선 개념의 축을 대상으로 하는 교통축(Corridor) 방식과 면적으로 공간 전체를 대상으로 일정 방향의 경계(Cordon)를 정하거나 내부교통 모두를 규제하는 교통존(Zone) 방식으로 구분한다. 사례로 보면 서울시 남산 1, 3호 터널, 뉴욕-뉴저지 링컨터널과 같이 시설부과(Facility charging), 런던과 싱가포르, 오슬로 등 도심 경계선에서 부과하거나(Cordon charging), 스톡홀름과 같이 일정 범위 내에서 부과하는 방식(Area charging)으로 구분하고 있다.

유럽의 배출가스 규제지역 LEZ 시행도시

미세먼지 등으로 인한 도심지 인체피해(호흡기, 심장질환 등) 문제로 1996년 스웨덴(스톡홀름) Environmental Zone이 처음 도입되었고, 이어서 2008년 영국 런던에서 LEZ가 시행되었다.

EU 대기환경기준이 PM10(2005년), NO2(2010년) 시행을 통하여 환경기준이 강화됨으로써 독일, 덴마크, 이탈리아 등 EU 환경기준 이행을 위해 유럽도시들의 환경기준 달성 목적으로 빠르게 확산되고 있다.

유럽의 차량운행제한 제도는 LEZ(Low Emission Zone), Environmental Zone 등 다양하게 적용되고 있다.

유럽 전역의 차량운행제한 시행 도시들에 대한 포털사이트
https://urbanaccessregulations.eu/userhome/map

차량운행제한 제도 시행국가

Low Emission Zone	영국(Clean Air Zones), 프랑스(ZCR, Zone à Circulation Restreinte), 노르웨이(Lavutslippssone), 덴마크(Miljø zone) , 벨기에(Lage-emissiezone), 체코, 핀란드, 스위스
Environmental Zone	스웨덴(Miljözon), 독일(Umweltzonen), 오스트리아, 네덜란드(Milieuzones)
The others Zone	포르투갈(Reduced Emission Zone), 이탈리아(ZTL ambiente), 그리스(Green Ring), 헝가리(Restricted Zone) 등

혼잡통행료,
시스템으로 차별화하다

전자부과 시스템을 처음 도입한 싱가포르, ERP

싱가포르는 동남아시아 무역 교통 및 금융의 중심지로서, 그동안 놀라운 경제성장을 이루어 1인당 국민소득 56,300달러로 아시아 1위다. 세계경제포럼(WEF)이 매기는 국가경쟁력은 제2위이기도 하다. 특히 세계에서 가장 충실한 교통인프라를 갖춘 도시이자 비즈니스가 용이한 도시로 평가되고 있다.

이는 정부의 교통인프라 정비의 대규모 투자, 세계 최초로 일반도로에 도입된 전자도로 요금부과 시스템(ERP, Electronic Road Pricing), 자동차 등록대수 할당시스템 등 선도적인 교통수요관리가 뒷받침되었다고 본다.

싱가포르에 설치된 ERP

싱가포르 육상교통청 포털 사이트(http://www.onemotoring.com)에서 싱가포르 전자요금징수(ERP) 안내와 실시간 교통정보를 확인할 수 있다.

좁은 국토의 교통문제를 해결하기 위해 1975년에 스티커를 사전 구입하는 지역통행 허가증 제도로 시작했고, 그 후 1998년 세계에서 처음으로 무선통신에 의한 전자부과 시스템을 성공적으로 도입했다.

당초에는 수요가 최고조에 달한 시간대에만 적용했지만 1994년부터 주간에 실시해, 현재 ERP 운영시간은 월요일부터 토요일, 오전 7시 30분부터 오후 8시까지 요금은 5분마다 설정되며, 교통량이 많은 시간대는 통행료가 비싸다. 싱가포르 육상교통청(LTA)은 실제 교통량을 토대로 통행 차량의 85% 이상이 일정 속도를 유지하도록 요금체계를 3개월마다 조정한다. ERP 위치와 요금 및 실시간 정체상황 정보는 싱가포르 육상교통청 포털 사이트(http://www.onemotoring.com)에서 실시간 제공되고 있다.

런던 혼잡통행료 안내표지

런던 시내의 C마크, 혼잡통행료

영국 런던 시내에서는 교통체증이 지속되고, 차량의 평균속도가 과거 마차 속도와 다름없을 정도로 극심한 도로혼잡이 지속되고 있었다. 이에 도심 혼잡통행료 징수를 위한 교통전략을 수립하고 이에 관한 법적인 근거를 마련해, 2003년 2월 17일 런던 시장 켄 리빙스턴(Ken Livingstone)이 런던 시내의 정체완화와 대중교통 이용촉진을 위해 세계에서 가장 넓은 지역에 가장 비싼 혼잡통행료 제도를 본격적으로 도입해 운영 중이다.

특정시간대 런던 중심부의 안내표지와 노면표지에 C마크가 있는 지역(Congestion Charge Zone)에 차량이 진입할 때 부과되는 시스템으로, 평일 오전 7시부터 18시까지 운영하고 있다. 부과금액은 시행 당시 5파운드에서 현재 1일 11.50파운드이며, 차량번호인식 카메라가 진입차량 번호를 인식하고 미납차량에 벌금은 14일 이내일 경우 65파운드, 28일 경과하면 195파운드를 징수한다.

2019년 최근 런던 교통청의 『2019 혼잡통행료 보고서』[13]에 의하면 교통량은 이전 2002년 대비 27% 감소되었으며, 이는 거의 80,000대/일 정도 감소로 이어져 전반적으로 정체 완화효과는 매우 큰 것으로 나타났다. 한편 혼잡통행료 구역에서 자전거 이용률은 이전에 비해 66% 증가했다.

런던의 혼잡통행료 및
초저배출구역
(ULEZ, Ultra Low Emission
Zone)

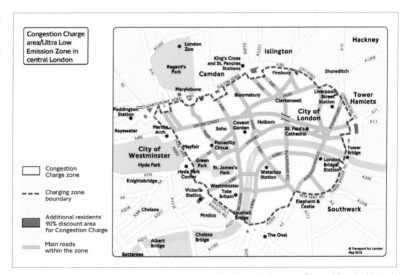

자료 : 런던 교통국, https://tfl.gov.uk/modes/driving/

13) Transport for London(2019), "Congestion Charge-Factsheet"

시민투표로 도입된 스톡홀름 혼잡통행료

스웨덴 수도 스톡홀름은 그린경제 성장을 선도한 도시로 잘 알려져 있다. 그리고 화석연료에서 재생가능 에너지로 전환하여 도시환경을 크게 향상시키는 등 환경정책의 노력을 인정받아 2010년 EU에서 처음으로 유럽의 그린수도(European Green Capital)로 선정된 바 있다. 독일 지멘스사의 유럽 그린시티 순위에 코펜하겐에 이어 2위에 랭크되어 있다.

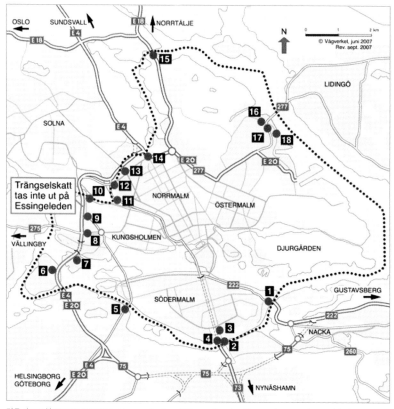

스톡홀름 교통혼잡세 18개소 컨트롤 위치

자료 : http://www.transportstyrelsen.se/en/road/Congestion-tax/Congestion-tax-in-stockholm

특히 차량통행량을 줄이기 위해 혼잡통행료(Congestion tax)를 2006년 7개월 동안 시범 운영 후 시민투표를 거쳐 2007년 8월부터 시행하고 있다. 스톡홀름이 섬으로 구성되어 있는 점을 이용해 요금부과 설치 지점은 주로 교량 부근 18개소이며, 시간대는 평일 06시 30분부터 18시 29분까지 시간대별로 혼잡통행료를 징수하고 있다.

교통혼잡세의 효과분석 자료[14]에 의하면 교통량은 시행 전 2005년 대비 2013년 현재 22.1% 감소하는 등 대부분 상당히 긍정적으로 보고되고 있다. 그리고 2013년 1월부터는 스톡홀름에 이어 스웨덴에서 두 번째로 큰 도시인 예테보리(Gothenburg)에서도 스톡홀름 시스템으로 혼잡통행료를 징수하고 있다.

밀라노의 혼잡통행료, Area C

밀라노는 런던에 이어 두 번째로 지난 2008년 1월 에코패스(Ecopass) 교통혼잡세를 도입했으며, 주민투표 79.1% 찬성으로 2012년부터는 C 구역으로 지정된 역사지구 중심부인 약 8㎢ 내부순환도로(Cerchia dei Bastioni) 43개소 게이트(Gate)에서 혼잡통행료를 징수하고 있다.

티켓은 주차미터기나 길거리의 신문가판대 등에서 구입할 수 있으며, 통행 당일 혹은 24시간 이내에 휴대전화, 콜센터 혹은 인터넷으로 신청할 수 있다. 운영시간은 월요일, 수요일, 금요일은 오전 7시 30분부터 오후 7시 30분, 목요일은 오전 7시 30분부터 오후 6시까지다. 요금은 1일 5유로, 주민은 2유로, 정액권 등 다양하고, 유입 포인트 43개

14) http://www.transportportal.se

소에 설치된 카메라에서 차량 번호판과 차종을 식별하며 감시하고 있다. [15]

Area C 시행으로 교통에 의한 대기오염 PM10이 18% 감소한 것을 비롯해 교통혼잡 28%, 도로교통사고 23.8%, 노상주차는 10% 감소했고, 첨두시 버스통행속도 +6.9%, 친환경차량 +6.1% 등 차량통행을 줄여 환경개선과 정체해소, 대중교통 이용촉진 등 이 시행효과를 인정해 2014년 세계교통포럼에서 교통 최고 도시로 수상한 바 있다.

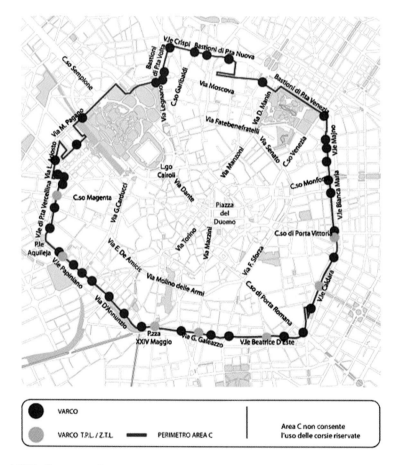

밀라노 Area C,
차량이 진입하려면
€5 티켓을 구매해야 한다.

15) http://www.areac.it

로마 도심 역사지구의
차량진입 제한

전통과 교통 사이에서, 로마와 피렌체

로마는 차량의 배기가스와 소음으로 인한 문화재의 훼손과 불필요한
통행을 제한하고 교통정체를 해소하기 위해, 2001년 10월부터 도심지구
를 포함 총 6개 4.2㎢ 교통통제구역(ZTL, Zone a Traffico Limitato)을 시행
하고 있다. 유럽에서는 런던에 이어 최대 전자식 통행료부과제도라고
할 수 있다.[16]

로마 도심 역사지구는 총 50개 전자게이트가 설치되어 운영되고 있
으며, 허가증을 부착한 차량만이 이 지역을 통과할 수 있고 거주자와

16) http://www.agenziamobilita.roma.it

장애자만 부과 대상에서 제외된다. 요금은 차량탑재기와 게이트 간의 통신으로 이루어지며, 게이트(RSU, Road Side Unit)가 차량탑재기(OBU, On Board Unit)를 인식하지 않을 경우 카메라들의 번호판 인식기술에 의해 위반 차량을 자동으로 감시하고 벌과금을 부가하고 있다.

운영시간은 평일 주간에는 오전 6시 30분부터 오후 6시까지이며, 토요일은 오후 2시부터 6시, 야간에는 금요일과 토요일 밤 11시부터 새벽 3시까지 교통을 통제하고 있으며, 교통통제구역(ZTL) 지구별로 각기 다르다.

피렌체의 경우, 이탈리아에서 유일하게 시가지 거의 반을 교통통제구역으로 지정해 역사지구 통과교통을 배제하고 역사적인 건축물 보호와 보행환경을 개선하고 있다. 2009년 시행 초기에는 두오모 광장과 그 주변 일대를 보행자전용구역으로 지정했으나, 점차 확장해 전체 면적 약 2분의 1에 해당하는 48㎢의 교통을 규제하고 있다.

존 내 거주자는 차량출입과 노상주차 허가증이 필요하고, 화물 반입은 오전 7시 30분부터 오전 10시로 한정된다. 주차허가구역 또한 하양, 노란, 파란색으로 구분해 지정 운영되고 있으며, 차량이 무단으로 진입하거나 지정주차를 어기면 단속카메라가 여지없이 작동해 범칙금이 부과된다.

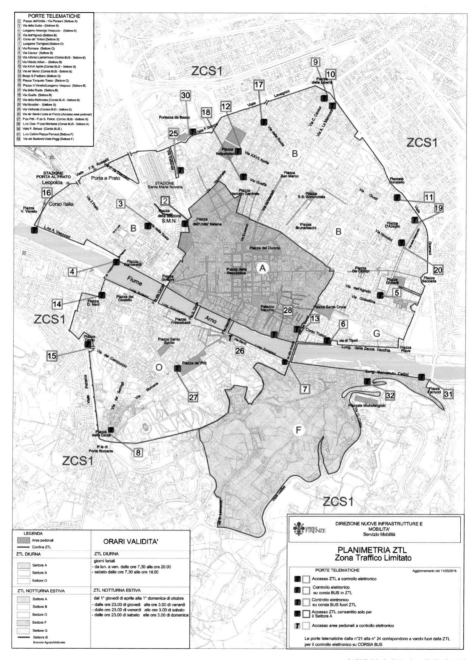

피렌체 역사지구의 교통통제구역

II

사람을
먼저 생각하는
교통

05

교통정온화

Traffic Calming

본엘프의 보차공존도로 안내표지판이 돋보이는
벨기에 브뤼셀의 교통정온화 구역

교통정온화는 자동차 주행속도 억제, 통과교통량 억제, 노상주차대책 및 보행환경 개선 등을 목표로 하고 있으며, 보행자에게 안전하고 쾌적한 도로환경을 제공하기 위해 물리적인 시설을 설치하고 통행 규제를 실시하여 자동차 통행량을 줄이고 속도를 낮추는 것을 말한다. 네덜란드의 본엘프에서 주거지의 보행환경 개선 효과를 얻어 1980년대에 유럽과 북미 등 전 세계적으로 확산되기 시작했다

본엘프(Woonerf)의 도입,
새로운 보행자 공간을 열다

1970년대 전후에 유럽에서는 보차분리에서 보차공존이 시도되었다. 1966년에 영국의 런콘 뉴타운(Runcorn Newtown)에는 보차공존 공간이 도입되었고 1972년에는 네덜란드의 델프트 시에서 본엘프(Woonerf)가 시도되었다. 본엘프는 생활도로의 개념으로, 차량통행이 적은 주택가에서 보행자와 주민 생활의 기능이 위협받지 않는 범위에서 자동차 이용을 인정하고 있다. 그리고 보행자들이 도로에서 활동하기에 적합하도록 설계해 사회접촉을 증가시켰다.

특히 본엘프는 어린이들이 안전하게 놀이활동을 할 수 있는 공간을 제공하고, 외형적인 도로의 특징은 보차분리 느낌이 들지 않지만 보행자가 통행우선권을 가지며, 쾌적한 공간이 되도록 수목과 포장 재료를 선택한다. 주차는 통행에 불편을 주지 않는 범위 안에서 허용하고 있다.

일방통행으로 차량폭원을 줄이고 넓은 보행자 공간과 자전거도로 등
교통정온화기법을 적용한 네델란드 암스테르담 거리

영국의 홈존,
보차공존하는 생활환경을 만들다

1990년대 중반부터 영국에서 시행하고 있는 홈존(Home Zone)은 주거지역의 교통 및 생활환경을 종합적이고 체계적으로 개선하기 위한 제도다.

홈존은 주택가 도로교통 공간 내 차량과 보행자의 공존을 추구하면서 보행자 보호 및 어린이의 생활놀이 공간 확보에 중점을 두는 교통관리 방법으로, 차량감속과 통과교통의 최소화, 생활도로 공간의 질적 개선, 통행 쾌적성을 확보하는 것을 주요 내용으로 하고 있다.

교통법(Transport Act 2000) 홈존 시행 주체에 관한 항목에 지방자치단체의 교통당국은 관할도로에 대하여 홈존을 지정할 수 있도록 명시하고 있으며, 도로사용권(통행제한)과 속도제한에 대한 권한 등도 위임하고 있다.

홈존 사업이 추구하는 주요 목표

∙ 차량 주행속도 감소	물리적 기법 및 선형변화 등을 통한 주행속도 감소 유도
∙ 기존 도로에 비해 높은 교통안전 수준	잠재적 사고위험을 최소화시킴으로써 더욱 안전한 모임 및 놀이 공간 창출
∙ 도로 공간의 활용성 높임	도로를 차량이동뿐만 아니라 주민들의 생활활동 공간으로 활용케 함
∙ 주민사회 친화활동 증가	도로안전성 확보를 통해 생활도로 상에서 주민들의 사회 친화활동을 증가시킴
∙ 더욱 매력적이고 다양한 도로경관 창출	다양한 노변식재와 도로포장 디자인을 통해 인간 친화적인 도로환경을 창출

홈존 계획단계부터 지역주민, 지방정부, 경찰서, 소방서, 도시설계사, 건축가 등이 함께 참여해 공감대를 형성하고 사업시행 시 적극적인 조력자로서 역할을 부여하기 위해 다양한 공식 또는 비공식 프로그램을 진행하고 있으며, 관련 홈페이지 제작과 방송매체 등을 통해 꾸준한 대국민 홍보활동을 펼치고 있다.

영국도로공학회(IHE, Institute of Highway Engineers)에서는 지속적인 유지관리를 위해 홈존 대상지를 첨두시 교통량 시간당 100대 미만, 총 연장 600m 미만의 도로에 지정할 것을 권장하고 있다.

영국은 홈존 지정으로
주차면 정비 및 주차구역을 조정 하고
노면포장, 식수 등으로
보차공존하는 가로형태로
변화하였다.

자료 : http://www.davidagrahamassociates.co.uk/home%20zones.htm

교통정온화,
사람 중심으로 변화하다

교통정온화를 바라보는 시각들

교통정온화(Traffic Calming)에 대한 정의를 살펴보면 가로를 쾌적하고 안전한 환경으로 개선하는 시도, 자동차의 속도를 억제하기 위한 모든 교통정책, 자동차의 속도와 운전자의 행동을 통제하기 위한 교통공학 및 물리적인 수단으로 해석하고 있다(Lockwood, 1997).

1997년 Brindle R.은 교통정온화를 3단계로 구분하여, 1단계는 자동차의 감속 및 사고대책, 2단계는 보행자전용지구와 대중교통지구, 주차정책, 교통혼잡세 등을, 3단계에서는 교통수요관리(TDM) 및 교통체계개선(TSM)까지 포괄적으로 포함시키기도 한다.

미국의 교통공학회(ITE)는 교통정온화란 자동차의 역효과를 감소시키고, 자동차 운전자의 통행 행태를 변화시키며, 보행자 및 자전거 이용자들의 통행환경을 개선시키기 위한 여러 가지 물리적인 대책이라고 정의하고 있다.[17]

한편 일본에서는 교통정온화(交通靜穩化) 또는 교통진정화(交通鎭靜化)라고도 칭하고 있으며, 구보다 히사시(久保田 尚, 1997)는 주택지 등의 지구를 대상으로 자동차 주행속도의 억제 및 통과교통의 배제를 통해 안전하고 쾌적한 지구를 형성하는 방안으로 해석하고 있다.

---

17) Traffic Calming is the combination of mainly physical measures that reduce the negative effects of motor vehicle use, alter driver behavior and improve conditions for non-motorized street users.

교통정온화의 모범이 된 본엘프

교통정온화를 뜻하는 Traffic Calming는 독일어인 Verkehrsberuhigung에서 유래했지만 시작은 네덜란드의 본엘프에 있다(Hass-Klau, 1990)고 볼 수 있다. 본엘프에 의해 주거지의 교통약자인 어린이 등 보행자의 교통환경을 개선하는 효과를 얻어 1970년대 중반 및 후반에 걸쳐 유럽의 각국에 확산되기 시작했으며 존30이라는 지역적인 교통규제로 이어졌다.

1980년대 유럽의 각국에서 교통정온화를 전개하기 시작했고 1990년대에 들어 이를 생활도로정비의 주된 개념으로 완전히 정착하기에 이르렀다. 동시에 교통정온화는 미국과 호주 등에서도 널리 확산되어 이제는 세계적으로 전개되는 추세이며, 이는 교통정온화가 본래의 취지인 교통안전 대책으로서만이 아니라 환경 측면, 도시경관 측면에서도 좋은 평가를 얻고 있는 점이 큰 영향을 주었다고 볼 수 있다.

최근에는 교통정책의 개념을 확장해 미래의 교통환경 등을 고려한 지속가능한 교통정책으로 영역을 확장해나가고 있는 추세(OECD, 1996)다.

본엘프 도로표지판 예

| 네덜란드 | 독일 | 스웨덴 | 폴란드 |

에스토니아 탈린의 교통정온화구역 생활도로

교통정온화, 어떻게 적용할 것인가

교통정온화는 자동차 주행속도 저감, 통과교통량 억제, 노상주차대책 및 보행환경 개선 등을 목표로 하고 있으며, 이를 달성하기 위한 적용 기법으로는 크게 교통규제와 물리적 디바이스가 있다.[18]

　교통규제는 구역을 대상으로 하는 경우 최고속도 30km/h로 규제하며, 주차금지나 대형차 등 통행금지 역시 필요에 따라 구역을 대상으로 규제할 수 있다. 또한 도로구간을 대상으로 하는 것은 보행자용도로나 일방통행 등이 있으며, 교차로에서는 일시정지나 교차로 십자마크, 지정방향 외 진행금지가 있다.

18) 국토교통부(2019.2), '교통정온화 시설 설치 및 관리지침',

물리적인 디바이스의 대표적인 것으로는 험프(Hump)나 차도폭 좁힘 (Chocker), 시케인(Chicane), 통행차단, 고원식 교차로와 횡단보도, 회전 교차로(Roundout)를 비롯하여, 노면요철포장, 컬러 블럭포장, 볼라드 (Bollard) 등이 있다.

교통정온화를 위한 물리적인 디바이스

· 사행	크랭크(Crank), 슬라럼(Slalom), 부분 식재, 포트(Fort), 미니로터리(Mini Roundabout)
· 쇼크효과	험프, 고원식교차로, 럼블 스트립(Rumble strip), 굴절포장
· 시각효과	초커(Chocker), 이미지 험프, 이미지 포트, 험프 포장, 컬러포장, 조합 블록포장, 교차점 포장개량, 감속스트립, 점멸경고신호, 생활도로 사인
· 교통규제	최고속도규제

호주 시드니에서 가로 통행속도저감을 위한 물리적인 디바이스, 포트(Fort)와 횡단보도 안내표지판

먼저, 주행속도를 억제하기 위한 방법으로는 사행(蛇行)운전으로 속도를 저하시키는 방법, 고속으로 주행하는 운전자에게 속도에 대한 주의를 환기시키는 방법, 시각적으로 빨리 달리지 못하도록 하는 방법, 속도규제를 위한 표지 등이 있다.

도로구간에서의 주행속도 억제 방법

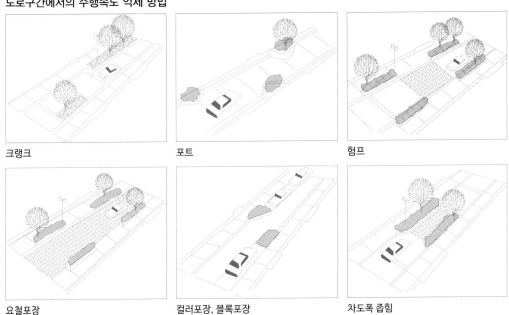

크랭크

포트

험프

요철포장

컬러포장, 블록포장

차도폭 좁힘

교차점에서의 주의주행을 위한 방법

성토포장

조합블록 포장

미니 로타리

한편, 용무가 없는 차량을 진입하지 못하게 함으로써 교통량을 억제하기 위한 기법으로는 진입부에 험프를 설치하거나 물리적으로 차단하여 자동차의 통행을 규제할 수 있고, 일방통행이나 교차점에서의 방향지정 등으로 통과교통을 배제할 수 있다.

노상주차 대책으로는 생활도로에 있어서 보행자 및 주거지 생활공간에 불법주차하지 못하도록 주차가능 공간을 줄이면서 인근 주택을 방문하는 서비스용 차나 주민의 차가 피해를 받지 않도록 최대한 주차 및 정차 공간을 한정하는 방법을 적용하고 있다.

통과교통 억제 방법

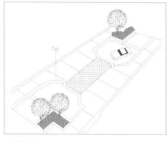
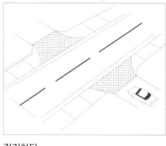

경사차단　　　　　　　통행차단　　　　　　　직진차단

노상주차 억제 방법

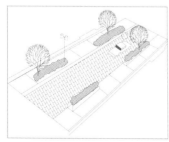

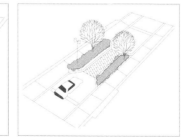

차도축소　　　　　　　볼라드　　　　　　　주차 및 정차 공간을 한정

일본, 사람과 차가 공존하는
세상을 열다

오사카에서 출발한 커뮤니티도로

일본은 1966년 교통안전시설 등 정비 사업에 관한 긴급조치법, 1970년 '교통안전대책기본법'을 제정했으며, 1974년부터 공안위원회(경찰청)에 의해 '생활존 규제'가 실시되었다. 이는 자동차 이용으로 인한 편리성보다 보행자나 지역주민의 안전과 쾌적성을 중시하고, 자동차의 통행은 안전과 쾌적한 환경이 침해되지 않는 범위 내에서 그 이용을 인정하는 것을 기본 바탕으로 하고 있다.

이를 위해 생활 존에서는 일방통행, 좌우회전 금지, 대형자동차 통행 금지, 일시정지와 속도규제가 실시되었다. 생활존 규제 이후 1980년대 그 효과가 미흡해졌고, 특히 기존 시가지 도로의 대부분이 보차도의 구분이 없는 6~8m 도로로 이에 대한 교통안전대책이 요구되기 시작했다. 이 문제를 해결하기 위해 오사카 시는 교통안전대책의 일환으로 보차공존 형태를 검토하기 시작했고, 실험 결과를 토대로 1982년 8월 오사카 아베노구 나가이케(阿倍野区長池町)의 기존 주택가에 일본 최초로 커뮤니티도로인 유즈리하노미치(ゆずり葉の道)가 도입되었다.

보차공존도로 폭원 10m, 연장 200m가 설치되기 이전에는 보도가 없는 양방향 2차선도로였지만 차도 폭을 3m로 줄여서 일방통행으로 하고, 그 나머지를 보도로 조성했다. 차량속도를 제한하기 위해 도로의 선형을 지그재그 형태로 굴절시키고, 보도에는 주차를 방지하기 위해 콘크리트 볼라드가 설치되었다.

일본 최초 커뮤니티도로
오사카 유즈리하노미치
자료 : 오사카 시 유즈리하노미치 팸플릿.
https://www.city.osaka.lg.jp/
kensetsu/page/0000011177.html

오사카 시의 커뮤니티도로는 1983년 특정 교통안전시설 등 정비사업의 보조 대상사업으로 결정되면서 전국적으로 확대 시행되었다. 이러한 커뮤니티도로는 일본의 가로환경정비사업과 연계해 조성된 도로로, 예산지원과 각종 교통시설의 예외적인 도입은 「교통안전시설 등 정비사업에 관한 긴급조치법」에 의해 가능하다.

일본의 경우 가로수나 볼라드 등은 보도상이 아니면 설치될 수 없다는 제약 때문에 보차 구분 없이 조성하는 본엘프와는 달리, 커뮤니티도로에서는 차도와 보도의 경계를 선형으로 표시하고, 차도부의 포장을 보도에서 사용하는 블록포장을 하거나 시케인으로 도로선형을 계획하고 있다.

커뮤니티도로에서 존 대책으로 확대

지구 종합적인 교통매니지먼트의 필요성이 부각됨에 따라 보행자가 우선인 주거지 등을 대상으로 한 교통안전대책인 '커뮤니티 존 대책' 조성사업이 1996년에 도입되었다. 그 후 전국적으로 커뮤니티 존 도입이 추진되었으며, 당시 사업이 완료된 지역에서는 교통사고 감소 효과가 크게 나타났다.

계획매뉴얼 작성 단계에서부터 경찰이 참여하여 건설성의 도로국, 도시국이 상호 협조체계를 구축하도록 하고, 계획 과정에 지역주민의 의견과 지구 특성을 반영하기 위해 지역협의회를 구성하는 방법으로 주민의 참여를 적극적으로 유도해 사업 성공률을 높였다. 특히 지역주민의 협의회, 간담회, 워크숍, 현지체험조사, 설문조사, 홍보설명회, 계획안설명회, 안내부스 설치, 사회실험 등 다양한 방법을 도입해 주민의견을 수렴하고 사업의 이해를 높였다.

일본의 커뮤니티 존은 제6차·7차 교통기본계획의 중점과제로 '교통안전시설 등 정비 사업에 관한 긴급조치법'에 의한 정부보조금지원 하에 각 자치단체 관련부서(도시과, 도로과, 도로교통과 등)와 경시청이 사업 주체가 되어 추진되고 있다.

2003년 국토교통성에서 시행한 안심보행지역(あんしん歩行エリア)은 2012년까지 9년 동안 전국 1,378개 지정되었지만, 존 대책의 확산은 불충분한 상태로 지속되지 못했다. 이후 생활도로존 대책으로 자동차보다 보행자와 자전거를 우선시하고 아울러 전신주를 없애거나 식재사업 등을 실시함으로써 지역 주민과 협동해 도로를 친밀한 생활공간으로 만들어 삶의 질을 높이고자 했다.

일본 교통공학연구회에서는 커뮤니티 존 대책조성사업이 시작되는 1996년에 '커뮤니티 존 형성 매뉴얼', 2000년에 '커뮤니티 존 실전 매뉴얼'을 발간하여 학회 차원에서 커뮤니티 존 사업의 표준지침서를 제공했다. 그리고 수행 성과와 과제를 바탕으로 2004년에 '커뮤니티 존의 평가와 향후 지구교통안전'을 발간했다.

이러한 일본 커뮤니티 존 사업은 15년이 경과한 이후 생활도로 대책이 더욱 진전되어 세계적으로도 뛰어난 교통정온화 기법을 갖추게 되었다.

생활도로 존 대책 매뉴얼
2011년에 일본의 생활도로 존 대책을 발간한 메뉴얼북으로 이 책은 필자가 참여한 '지구교통계획 매뉴얼-생활도로의 존 대책'으로 국내에서 2013년 출간했다.

06

최고속도 규제,
존(Zone) 30

프랑스
아비뇽 구시가지에 설치된
교통정온화구역의
20km/h 속도규제

국토교통부는 교통사고 사망자 감소를 위해 2016년 '교통사고 사상자 줄이기 종합대책 시행계획'에서 자동차 1만 대당 사망자 수를 OECD 중위권 수준인 1.6명으로 감소시키기 위한 대책을 발표했다. 가장 먼저 눈에 띄는 것은 교통안전 시행계획으로 어린이와 노인 등 보행교통사고 감소를 위해 생활도로구역, 어린이와 노인 보호구역을 확대하고, 통행속도를 30㎞/h 규제 제한 등 최근 경찰청에서 '안전속도 5030'을 본격적으로 시행하고 있다.

'안전속도 5030'이
도입되다

서울시는 2016년 7월 말부터 북촌지구, 서울경찰청 주변 이면도로의 제한속도를 시속 30㎞로 일괄 하향하는 '안전속도 5030사업'을 시범 실시 하였으며, 이를 지속적으로 확대하면서 문제점을 보완해 나갔다. 2018년 12월부터는 동대문-독립문의 동서와 회현-창덕궁의 남북에 걸쳐 시행하고 있다.

한국교통연구원의 5030 속도정책과 국민안전(2018. 6)에 따르면 '안전속도 5030'정책이란, 보행자 안전과 교통사고 발생 시 사망자 감소를 위해 보행자와 차량의 접속가능성이 높은 도시부 내 보조간선도로와 보도 및 차도 분리 왕복2차로 이상 도로의 제한속도는 50㎞/h, 어린이보호구역 등 특별한 보호가 필요한 지역은 제한속도를 30㎞/h로 설정하는 속도관리 정책을 말한다.

경찰청은 매년 연차별 기본계획을 마련하여 도시부 속도하향 정책 도입을 위한 필요과제들을 수행하고 있으며, 정책의 효율적인 도입을 위해 경찰청과 국토교통부와 관계 기관과 협의회를 구성하여 체계적으로 업무를 추진하고 있다.

제한속도 제도 도입을 위하여 부산 영도구 전체(2017년 6월), 서울시 북촌지구, 서울경찰청 주변(1차, 2016년 6월), 남산소월로, 구로G밸리, 방이동 일대(2차, 2017년 9월~10월)를 대상으로 시범운영을 추진하였다.

'안전속도 5030' 정책은 2022년까지 교통사고 사망자를 절반 감축한다는 정부의 목표에 맞춰 2018년까지 도입기, 2021년까지 정착기, 2022년 성숙기로 구분해 추진 중이다.

현재 도로의 제한속도는 도로교통법 시행규칙 제19조에 의해 60㎞/h 이내와 2차로 이상 80㎞/h 이내로 규정되어 있는데, 이를 도시부 기본 속도를 50㎞/h 이내와 간선도로는 60~80㎞/h 유지로 개정하고, 보행자 보호를 위해 생활도로 등 주택가 이면도로 차량제한 속도를 30㎞/h 이내로 제한하는 제도를 시행한다.

교통안전 사망자 수는 2018년 40여 년 만에 처음으로 3천 명 대로 감소한 이후, 2019년에도 전년 대비 11% 이상 사망자 수가 감소하는 등 지속적인 감소세를 보이고 있다.

이러한 사고감소를 유지하기 위해 최근 2019년 4월 경찰청과 국토교통부는 제한속도의 지정 설계와 운영 기준이 되는 '안전속도 5030 설계·운영 매뉴얼'를 발표했다. 이 매뉴얼에는 안전속도 5030의 소개, 계획과 설계, 운영기준, 도시부의 범위와 제한속도 설정 기준, 제한속도별 안전표지 설치 기준, 신호운영 방법, 교통정온화 기법 등을 총망라해 제한속도의 설계 및 운영기준을 상세하게 제공하고 있다.

노르웨이 오슬로 칼 요한 거리
연결 구역 전체가 속도 30㎞/h로 지정돼 있다.

존30 속도규제
사람이 안전한 도로가 되다

유럽의 속도규제

1976년 서독에서는 네덜란드 본엘프의 교통정온화 기법 도입으로 당시 주택단지에서 자동차 제한속도가 50㎞/h였던 것을 30㎞/h로 제한하는 '템포 30(Tempo 30)'을 처음 시행했다. 그 이후 덴마크에서도 시행했고, 1980년대에 유럽의 각 도시에서는 면(面)적인 블럭 대상으로 최고속도 30㎞/h 존30이 지속적으로 확산되었다. 네덜란드는 1983년의 도로교통법 내용에 존30을 규정하고 그 후 설정기준과 운용방법 매뉴얼을 발간, 유럽에서 선도적으로 운영하고 있다. 영국에서는 독일과 네덜란드 사례를 바탕으로 1990년 존20 규제가 국가보조사업으로 채택되었다.

해외 선진 도시에서는 도로유형별 제한속도를 차등화하고 있으며, 특히 보행자 전용지구로 연결되거나 보행 및 자전거 교통량이 많은 도심 중심지는 존30(20mph) 이하로 설정한 경우도 많다.

런던은 이동성이 낮고 장소성이 높은 도심 중심지는 20mph 이하, 이동성이 높고 장소성이 낮은 간선도로는 30mph 이상을 권장하고 있다. 그리고 선별적 지역 중심의 속도제한(20mph Zone)에서 도시 전체의 속도를 제한하는(20mph Limit) 방향으로 제한속도 정책을 전환하고 있다. 20mph Limit 정책은 20mph 존 정책에 비해 속도 감속이 상대적으로 적지만, 인식전환을 통해 전반적인 교통안전 증진을 달성했다고 평가되고 있다. 런던 주요 5개 자치구는 자치구도로 제한속도를 20mph로 설정하고 있다.

네덜란드 암스테르담에서는
1983년에 존30 규제를 도입하였다.

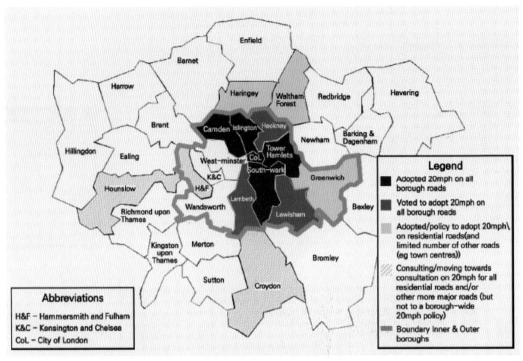

런던 자치구별
20mph Limit 시행 현황

시티 오브 런던(City of London)과 인접 4개 지역은 모든 자치구도로를 20mph로 지정하고, 해크니(Hackney)와 주변 파란색 3개 지역은 20mph로, 그리니치(Greenwich) 등 하늘색 3개 지역은 주거지역도로와 일부 중심지역에 한해 20mph, 그외 빗금 친 3개 외곽 주거지역도로 및 주요도로를 20mph로 계획하고 있다.

프랑스의 교통사고 사망자가 크게 줄어드는 가장 큰 요인은 차량속도에 대한 규제였다. 파리는 2013년 기준으로 전체 560㎞의 도로 중 37%에 30㎞/h를 운영 중이며, 추가로 20㎞/h로 제한속도를 규정하는 30개 미팅존(meeting zone)을 확대할 계획이다.

독일 뮌헨의 도심 통행속도제한
통합 표지판

독일 뮌헨 시는 자동차 대기오염물질의 배출을 억제하기 위해 EU
지침과 연방법의 기준치를 상회하는 대기유지계획을 수립하고 주요 실
행계획을 추진하고 있다. 특히 도심 교통환경 개선을 위해 환경존을 설
정해 도심내 차 없는 지역과 보행자와 자전거의 접근성을 크게 향상시
키고 있으며, 진입부에 인식하기 쉽게 차량의 통행제한과 제한속도 5㎞
등 통합 교통안전표지판을 설치해 운영하고 있다.

독일과 덴마크에서도 간선도로 차량속도제한을 60㎞/h에서 50㎞/h
조정한 후에 충돌사고가 20~24%(부상 9%) 감소되는 등 세계적으로 도
심 속도제한이 하향 추세에 있다.

해외의 통행속도제한 안내표지

Maximum Speed Limit [edit]

Speed limit sign for 50 km/h (Vienna Convention Sign C14, most of the world follows this pattern)

Alternative Vienna Convention sign with a yellow background used in some countries

Ireland includes the symbol "km/h" since going metric in 2004

Botswana uses a blue background

Japan uses blue numerals

Samoa uses both miles per hour and kilometres per hour

The United Arab Emirates and Saudi Arabia use both Western Arabic and Eastern Arabic numerals

Canada

Canada (Ontario)

Canada (British Columbia, Yukon)

United States

United States (metric)

자료 : http://en.wikipedia.org/wiki/Speed_limits_by_country

해외의 최고속도제한 해제 표지

Speed Limit Derestriction [edit]

In some countries, derestriction signs are used to mark where a speed zone ends. The speed limit beyond the sign is the prevailing limit for the general area, for example the sign might be used to show the end of an urban area. In the United Kingdom, the sign means that the national speed limit for an area applies (30 mph in built-up areas, 60 mph on open roads, 70 mph on motorways). In New Zealand it means you are on an open road, but the maximum legal speed of 100 km/h still applies[93]

Common *maximum speed limit* derestriction sign

Common *minimum speed limit* derestriction sign

Common *advisory speed limit* derestriction sign

Australia[94]

Australia

Belgium, United Kingdom, New Zealand, Singapore, Malaysia and Switzerland

Japan

United States

United States

자료 : 정병두(2016), 선진외국의 도시권 차량제한속도 운영실태 및 시사점,
http://en.wikipedia.org/wiki/peed_limits_by_country

노르웨이의 경우 제한속도 설정 매뉴얼을 토대로 오슬로 시는 도시 외곽고속도로(Ring 3)는 제한속도 70km/h, 보행자와 차량이 분리된 간선 도로는 60km/h, 도시부 간선도로(Ring2)는 50km/h, 집산도로(Ring 1), 중 심업무지구(CBD)와 보행자와 자전거 통행량이 많은 주거 및 상업지역 은 30km/h로 운영하고 있다.

도시부 도로의 제한속도를 오래 전부터 시속 50km로 제한하고 있는 국외 사례에서 살펴본 바와 같이 속도를 줄이면 사람이 보이기 때문에 교통사고 사망자 줄이기와 교통안전 기준을 강화하는 차원에서 일부 보조간선도로를 원칙적으로 50km/h 이하로 하는 '인간 중심의 속도관 리 체계변화'로 점차 하향조정하고 있는 추세이다.

네덜란드 암스테르담
중앙역 남측
구시가지 통행제한표시,
가동식 볼라드

일본의 속도규제

일본에서는 이미 오래 전부터 생활도로에 대한 지구교통관리 대책으로 종합적인 교통안전시책—커뮤니티 존 형성을 주목하면서 1996년부터 커뮤니티 존 사업을 시작해 생활도로 정비를 시행해왔다.

교통안전 대책의 경우 일반적으로 도로나 교차로의 문제 해소 등에 주안점을 두고 대책을 실시하고 있는 반면, 존30 규제는 구역에서 실시하는 대책이다. 즉 간선도로 등으로 둘러싸인 주거지역 전체에 교통규제나 안전대책을 실시해 그 지역의 사람이 자동차로부터 위협받지 않고 안심하고 생활할 수 있는 구역을 만드는 것을 목적으로 하고 있다.

일반 주택가로 이어지는 생활도로의 30㎞/h, 대형차 진입규제

자료 : 交通工學硏究會, 生活道路のゾーン對策マニュアル, 2011

경찰청의 존30 포스터 및
홍보 팸플릿

구역규제는 특정 생활도로의 구역 내 속도를 원칙 30km/h로 지정하는 것으로, 경찰청의 교통규제 기준에 따라 구역의 경계부에 구역규제 표지를 설치한다. 특히 구역규제표지는 구역의 경계 부분인 도로의 입구, 출구 부분에 게이트 형태를 강조해 차량 운전자 이외의 도로 이용자에게도 구역을 인식할 수 있도록 하고 있다.

생활도로의 30km/h 속도제한 대책의 경우 경찰청이 국토교통성과 함께 존 대책에 관한 조사를 실시해 2009년에 교통규제 기준을 일부 개정했다. 기존 2차로 이상의 도로에만 있었던 속도규제를 생활도로 및 구역규제 기준에도 추가했고, 2011년 9월 '존30 추진에 대해서'라는 제목으로 전국 각 행정기관용 자료를 발표하고 본격적으로 시행됐다.

존30의 도입이 전국 각지의 주택가에서 진행되어 2018년 3월까지 3,105곳에서 시행하고 있고, 인명사고가 30% 줄어드는 등 시행효과가 크게 나타났다. 한편, 경찰청은 생활도로 등에서 어린이 교통사고가 줄지 않고 속도억제 대책이 미흡한 곳은 각 지자체에 교통규제 외에도 험프 등 물리적인 시설을 동시에 시행하도록 할 방침이다.

07

보행자 공간

Pedestrian Zone

스페인 바르셀로나의 카탈루냐광장으로 이어지는 보행자공간

이제까지 차량소통 위주의 정책으로 소외되었던 보행자 안전과 보행공간을 되찾기 위해 시민단체가 처음으로 '보행권'을 주장한 것이 1990년대 초반으로, 그 이후로 지속적으로 걷고 싶은 도시 만들기 사업, 차 없는 거리조성사업 등 차량 중심의 도시에서 인간과 환경 중심의 도시로 패러다임이 전환되고 있다. 국내외 주요 도시들을 중심으로 보행자전용도로의 운영 실태를 살펴본다.

차 없는 거리,
모두가 걷고 싶은 도시가 되다

걷고 싶은 도시 만들기

국내 모터리제이션(Motorization)으로 자동차가 길의 주인이 되면서 걸을 수 없는 서울의 보행환경 문제를 제기하면서 이를 개선하기 위해 시민 단체가 처음으로 '보행권'을 주장한 것은 1990년대 초였다.

보행권은 보행자가 안전하고 쾌적하게 걸을 수 있는 권리를 말한다. 1993년 녹색교통운동이 '보행권 신장을 위한 도심지 시민 걷기대회' 운동을 통해 한국 사회에서는 처음으로 보행권을 사회적인 이슈로 제기 했다.

서울시는 시민의 보행권 확보와 보행환경 개선에 관한 기본사항을 규정한 1997년 '서울특별시 보행권 및 보행환경 개선을 위한 기본 조례'(서울시 보행조례)를 제정했고, '살고 싶은 서울, 걷고 싶은 거리'를 만들면서 걷고 싶은 도시 만들기 운동에 획기적인 전기를 마련했다.

그리고 조례 규정에 따른 실천방안으로 1998년 서울시 보행환경 기본계획을 수립했다. 보행자의 권리가 새롭게 부각된 것이다. 나아가 종로거리를 걷고 싶은 거리로 조성하는 현상설계공모전 등 서울시 각 자치구와 지방에서 걷고 싶은 도시 만들기 사업이 추진되었다.

보행환경 개선 5개년 사업계획은 크게 4개로, 보행자의 안전과 편의 증진, 보행자 공간 확대와 정비, 장애인 및 노약자의 보행여건 개선, 시민과 함께하는 보행환경 개선을 목표로 하고 있다.

차 없는 거리 만들기

'차 없는 거리' 조성사업은 보행량이 많은 도심가로의 일정구간, 일정시간에 통행을 제한하고 보행자의 안전성 향상과 자유로운 보행공간을 확보하기 위해 시행했으며, 특히 대기오염으로부터 쾌적한 환경을 만들기 위한 보행자전용도로는 전국적으로 점차 확대 추세에 있다.

서울시 차 없는 거리 운영사항을 살펴보면, 2019년 4개 거리별 특색 있는 운영으로 서울의 다양한 공간을 보행자천국으로 구성하고 있다. 이는 서울시 홈페이지에서도 찾을 수 있다.[19]

---

19) 서울시 홈페이지, http://news.seoul.go.kr/traffic/archives/33934

서울 청계천-종로2가로 이어지는 삼일대로의 차 없는 거리행사

서울시 차 없는 거리 운영

· 세종대로	도로 위에서 벌어지는 퍼레이드, 거리공연이 함께하는 휴식공간 · 운영시기 : 2019년 4월부터 10월(7월, 8월 혹서기 제외) 매주 일요일 · 운영구간 : 550m(광화문 삼거리부터 세종대로 사거리 하행선까지) · 운영시간 : 10:00~19:00
· 북촌로	역사체험은 물론 전통문화행사도 함께 즐길 수 있는 거리 · 운영시기 : 2019년 5월 중(예정) · 운영구간 : 북촌로 5길(국립현대미술관부터 재동초등학교 삼거리까지, 430m) · 운영시간 : 10:00~19:00
· 덕수궁길	돌담길을 거닐며 펼쳐지는 한적한 거리 · 운영구간 : 중구 덕수궁길(대한문부터 원형 분수대까지, 310m) · 운영시간 : 평일 11:00~14:00 + 토요일 10:00~17:00(2017년 4월부터)
· 청계천로	서울 밤도깨비 야시장이 함께하는 서울의 중심 청계천로 · 운영구간 : 청계천로 청계광장부터 삼일교까지(880m)

보행우선구역에서 보행환경개선사업으로 이어지다

보행자우선도로는 폭 10m 미만의 도로에서 보행자와 차량이 혼합하여 이용하되 보행자의 안전과 편의를 우선적으로 고려하여 설치한 도로다. 지난 2012년 국토교통부에서 개정한 '도시·군계획시설의 결정·구조 및 설치기준에 관한 규칙'을 통해 최초로 법제화되었다. 이후 2016년 '국토의 계획 및 이용에 관한 법률 시행령' 제2조 제2항 1호 라목에 보행자우선도로가 신설되어 법적 위상이 강화되었다.

보행우선구역시범사업으로 2017년부터 2011년까지 5개년도에 걸쳐 추진했으며, 2012년에는 정규사업으로 전환되어 2013년까지 총 26개소에 대한 사업을 추진했다. 건설교통부에서 선정한 시범지역에는 기본계획 및 실시설계 공사비 등의 사업비를 국비에서 지원하고, 설계비를 제외한 공사비 등 재원은 해당 지자체에서 조달했다.[20]

특히 2013년 '보행안전 및 편의증진에 관한 법률'이 제정됨에 따라 안전행정부 주관으로 보행권을 보장하고 증진하기 위한 계획수립과 보행환경 개선사업 등을 의무적으로 시행했다. 그리고 도로를 보행자 중심의 도시 공간으로 조성하기 위해 '2014년 보행환경 개선지구' 11곳을 선정해 추진하고 있다. 선정된 곳은 대구 달성구, 광주 동구, 대전 유성구, 충남 홍성군 등이며, 이 사업은 어린이 및 노약자 등 교통약자의 안전을 보장하고 구도심 지역상권을 되살리기 위해 2013년 10개 시범지역부터 시작했다.

---

20) 1차 시범사업, 2007년 9개소 : 서울 영등포구, 울산 중구, 남구, 천안 아산시, 경남 진주시, 전남 순천시, 제주 서귀포시 / 2차 시범사업, 2008년 6개소 : 서울 마포구, 인천 남동구, 대전 서구, 광주시 서구, 충북 진천군, 경남 거제시(장평)

그리고 보행안전 및 편의증진에 관한 법률 제16조 '보행자전용길의 지정 등'에 따라 특별시장 등은 보행자길 중에서 보행자의 안전과 쾌적한 보행환경을 확보하기 위해 특별히 필요하다고 인정되는 경우 보행자전용길로 지정할 수 있다.

보행자전용길의 목적을 달성하기 어렵거나 보행자의 안전을 위해 필요할 때는 지방경찰청장 또는 경찰서장에게 그 도로의 일정구간에 도로교통법 제28조 제1항에 따라 보행자전용도로를 설치해줄 것을 요청할 수 있다.

서울교통비전 2030, 보행자를 먼저 생각하다[21]

보행자우선도로 조성사업은 2013년 발표한 '서울교통비전 2030'을 근거로 시작했으며, 이 계획은 과거 차량과 소유, 성장 중심의 교통정책에서 사람과 공유, 환경 중심의 정책으로 전환하는 것을 목적으로 한다. 서울시는 이를 실천하기 위해 '사람이 중심인 교통, 함께 이용하는 교통, 환경을 배려하는 교통'이라는 세 가지 목표를 제시했으며, 그 일환으로 '보행친화도시 서울 비전'을 발표하고 10개 단위 사업 중 하나로 보행자우선도로 조성사업이 포함되면서 이 사업을 시작했다.

최초의 보행자우선도로 조성사업은 2013년 구로구 개봉로3길, 중랑구 면목로48길을 대상으로 추진했으며, 그 후 2014년 8개소, 2015년 13개소, 2016년 20개소, 2017년 18개소, 2018년 24개소로 사업규모를 확대해가고 있다.

보행친화도시 서울 비전
타박타박 걷는 즐거움의 재발견
쾌적한 서울 거리
차는 천천히, 사람은 편안히
안전한 서울 거리
장애물 없이 어디로든 통하는
편리한 서울 거리
문화와 역사가 살아 숨쉬는 곳
이야기가 있는 서울 거리

21) 건축도시공간연구소, 서울특별시, 2017 보행자우선도로 현황과 평가, 일반연구보고서-2018-5.

샌프란시스코의 상징적인 교통수단 케이블카,
보행자를 위해 일반차량의 통행은 금지 되고 있다.

서울 보행특구의 추진상황

'보행특구'란 안전, 편리, 쾌적한 보행공간에 즐거움과 매력을 가지고 있으면서, 보행량이 많고 역사 문화적으로 가치가 있는 지역을 말한다. 기본적인 보행이 가능한 환경에서 나아가 보행활성화를 위한 볼거리, 즐길거리, 먹을거리, 살거리 등 풍부한 이벤트를 가진 지역을 뜻하는 의미로 법령상의 용어가 아니라 보행활성화를 위한 행정적 용어다.

근본적인 사업 취지는 도심부 보행특화 사업을 통해 '걷는 도시, 서울'을 조기 정착하는 것이다. 이를 위해 도심부 도로의 적극적인 5030 속도제한을 실현하고, 교차로 전 방향 횡단보도 설치 등 끊이지 않는 보행길 완성, 고원식 횡단보도, 고원식 교차로 설치 등 편리한 보행길 완성, 보행–자전거–대중교통 통합연계 시스템 구축으로 보행접근영역을 확장하는 것을 목표로 하고 있다.

보행특구 대상지는 녹색교통진흥지역(16.7㎢) 전 지역이며, 이를 11개의 보행권으로 나누어 연차별로 시행하고 있다. 사업기간은 2017년부터 2021년까지 5개년 동안 보행환경개선지구 지정, 도로공간 재편, 시설개선 등 다양한 보행사업이 진행되고 있다.

보행자를 위한 행복 공간이
세계 도시들로 확산되어 나가다

일본의 '보행자천국'[22]

일본의 '보행자천국'은 보행자 몰(Pedestrian mall)을 의미하는데, 다만 일본에서는 도로교통법 제9조에 의거해 보행자 전용도로로 실시되는 것을 보행자천국이라고 하고, 도로법상에서는 우리와 같이 보행자전용도로로서 근거 법령에 따라 달리 정의하고 있다.

일본에서는 차량통행금지 규제를 실시하고 차도 부분을 포함한 도로 전체를 보행자전용도로로 해서 보행자가 걸을 수 있도록 하는 경찰서에 의한 조치를 보행자천국이라고 한다. 주로 일요일과 같이 특정 요일, 시간대를 지정하고 실시되지만, 연중무휴 전일 실시되는 것도 있다.

최초의 보행자천국이 대규모적으로 실시된 것은 1969년 8월 홋카이도 아사히카와시(旭川市) 평화로에서 시범 실시된 이후 동경도 내에서는 1970년 처음으로 긴자(銀座), 신주쿠(新宿), 이케부쿠로(池袋), 아사쿠사(浅草) 네 지구에서 실시했으며, 1973년 하라주쿠에서도 시작했다. 그 당시 일요일에는 2.4배 통행량이 늘고 긴자는 평소의 10배 인파가 몰리기도 했다. 특히, 일본의 성공적인 사례를 보고 국내에서도 1980년대 대학로에 차 없는 거리를 시작으로 1997년 명동길, 인사동길, 낙원동길 등 여러 곳에 본격적으로 보행자전용도로를 실시했다.

---

22) https://ja.wikipedia.org/wiki/「歩行者天国」, 歩行者空間(Pedestrian zone) 참조함

긴자지구 보행자천국 실시 현황 中央通り銀座地区 : 銀座通り口교차로부터 銀座8丁目교차로까지 구간(約1.1㎞),
4월~9월 일요일과 휴일 정오부터 오후 6시까지(10월~3월에는 오후5시까지)

자료 : 경시청 홈페이지, https://www.keishicho.metro.tokyo.jp/kotsu/doro/hoko.html

1970년대는 교통사고 사망이 사상 최다를 기록함으로써 경시청이 앞
장서서 교통안전을 위한 조치로 보행자천국을 강력히 추진했다. 그 뒤
1972년 6월에는 일본 최초의 영구적인 보행자천국으로 홋카이도 아사
히카와 시 평화로상가공원(平和通買物公園)을 보행자천국으로 지정했다.

이곳에 보행자천국이 실시된 이후로 이산화탄소 및 소음이 줄어들
고 환경개선 효과가 나타나고 성공적으로 평가되면서 전국 도시로 퍼
졌다. 그러나 2000년대에 들어서면서 이곳에서 소음과 범죄치안, 안전
관리 등 여러 문제가 발생하면서 2008년도 말에 541개로 10년 전인 1998
년에 비해 거의 절반으로 줄어 지정이 폐지되거나 당초보다 규모를 축
소하는 일이 많아졌다. 그러나 일부 지역은 상가 활성화를 위해 새로이
시행되는 경우도 많아서, 현재 영구적인 곳은 전국에 홋카이도 아사히
카와 시(旭川市)를 포함해 전국에 4개소, 일시를 정해서 하는 곳은 전국
에 많으며, 동경에는 긴자(銀座)지구, 아키하바라(秋葉原)지구, 신주쿠(新
宿)지구 등 8개 지구가 운영 중에 있다.

행복지수가 높은 멕시코시티, 일요일 차 없는 거리

중남미에서 가장 오래된 도시 중 하나인 멕시코시티(CDMX, Ciudad de México)는 멕시코 최대의 경제 중심지로, 도시권 인구는 2,023만 명, 면적 7,854㎢로 세계에서 가장 인구밀도가 높은 지역 중의 하나다. 미국의 싱크탱크가 발표한 세계도시 순위는 라틴아메리카에서 부에노스아이레스와 상파울루에 이어 세 번째 도시다.

멕시코시티를 대표하는 소칼로(Zócalo) 광장은 연중 문화이벤트와 기념행사가 이어지고 주변 대성당과 국립궁전 등 중심부 역사지구(Centro Historico)는 1987년 유네스코 세계문화유산으로 지정되었다.

멕시코시티는 2011년 IBM의 조사에서 세계 하위권의 교통혼잡도시로 선정된 바 있지만, 지속적으로 교통혼잡과 공해문제를 해결하기 위해 간선급행버스(BRT), 자전거와 보행 인프라 확충, 주차수요관리 등을 시행하고 있다. 그 결과 2013년에 국제교통개발정책연구소가 주관하는 지속가능 교통상(STA)을 수상했다.

특히 2007년부터 멕시코시티는 지속가능한 교통을 위해 매주 일요일 아침부터 중심대로 레포르마 거리(Paseo de la Reforma)를 중심으로 보행자와 자전거 전용도로를 오랫동안 성공적으로 시행하고 있다.

일요일 차 없는 거리에 모두 나온 남녀노소의 활기찬 도시 모습을 보여주고 있으며, 'Sunday walk move by bike' 행사로 주민들은 행복지수가 아주 높고 자전거가 건강과 환경친화적인 교통수단으로 자리 잡았다.

멕시코시티
매주 일요일 차 없는 거리

미니애폴리스 Skyway, 세계에서 가장 긴 도심 69개 블록 연결

미국 미네소타 주 City of Lake, 미니애폴리스는 세인트폴(Saint Paul)과 함께 Twin Cities로 불리고 있다. 도심 니콜렛몰은 1967년 처음으로 버스전용 트랜짓몰로 조성되어 유명하다. 특히 공중보행통로(Skyway)는 skybridge, 혹은 skywalk라고도 하고 대규모 단지 내에서 아니면 캠퍼스 내 설치된 사례가 많지만, 여기서는 공로상 건물의 2층과 3층 등을 연결하여 내부의 통로로도 활용하는 공공보행자공간을 의미한다.

세계에서 가장 긴 공중보행통로, 미니애폴리스 Skyway

연장이 가장 긴 곳은 캐나다 캘거리 Alberta's "+15 Walkway" system (16km)이 있지만, 미니애폴리스의 경우 총 69개 블록을 연결하여 총 연장은 13km에 이르러 규모적으로는 세계에서 가장 크다고 볼 수 있다. 현재는 유명백화점과 전문점 300여 점포들이 건물 내 넓은 Open Space 등이 Skyway에 의해 연결되고 실제 2층의 임대료가 더욱 비싸고 도심의 상업적 기능이 활성화될 수 있도록 조성되었다.

이는 미니애폴리스가 북위 45도의 한랭지에 위치하여 1년 가운데 거의 반년이 눈으로 덮혀있고 한겨울 평균기온이 영하 10도 이내이기 때문에 이러한 Skyway 시스템이 1962년에 자연스럽게 조성되기 시작하였다고 한다. 현재는 도심의 백화점, 호텔, 업무빌딩, 음식점, 은행, 영화관, 고층주택 등이 전체적으로 하나의 네트워크처럼 연결되어 새로운 시장이나 생활양식을 창출하면서 거대한 전천후형 보행자중심 공간을 형성하고 있다.

도시경관측면에서 국내에서는 많이 도입되지 않지만, 이곳에서는 각각 개성적인 디자인으로 보기에 좋고 시에서 행정적으로 디자인이나 구조 등을 통일하거나 규제함으로써 세계적으로 규모가 크고 성공적인 Skyway System으로 유명하게 되었고, 실제 추운날씨에는 전혀 밖에 나가지 않고도 쇼핑과 식사 등을 즐길 수 있어 보행자 측면에서는 아주 편리하다.

다운타운 미니애폴리스는 눈발이 휘날리면서 바람도 불고 아주 추워서 거리는 한산했지만 이 보행통로를 통하여 실내에서 쇼핑을 즐기는 많은 사람들을 볼 수 있었다. 그러나 건물 안에서 익숙하지 않은 상태에서 통로를 따라 이동하려면 항상 안내사인을 보면서 방향감각을 익혀야만 한다.

세계 최대의 지하보행몰 토론토 PATH

토론토(Toronto)는 온타리오 주의 주도인 캐나다 최대의 도시로서, 온타리오 호의 북서쪽에 위치하고 있다. 특히 높이 30m 이상 빌딩이 1,800여개에 이를 정도로 고층 빌딩이 많은 도시로 유명하다. 시내 중심가에는 오래된 건축물과 고층 아파트 건물도 있지만 대부분 상업용 오피스 타워가 많다. 특히 새롭고 다채로운 스타일의 고층빌딩이 즐비하여 역사적 건축물과 어울려 멋진 스카이라인을 이루고 있다. 또한 겨울이 길고 추운 토론토는 오래전에 도심의 보이지 않는 지하공간을 도시적인 공간으로 재창조하여 전체 길이가 30km가 넘은 패스(PATH)라 불리는 세계에서 최대 규모를 가진 지하복합쇼핑 공간의 기네스 기록을 갖고 있다. 이처럼 혹한 추위를 이겨내기 위한 전천후형 보행로 정비 사례는 미국 미니애폴리스의 총 69개 블록을 지상 건물 간 연결한 13km의 Skyway가 있지만, 토론토의 경우 오랜 역사 속에서 지하보도가 연결되도록 체계적으로 정비가 이루어져 그 형성과정이 매우 특별하다.

패스의 형성 시기는 115여 년 전으로 거슬러 올라가 1900년 이튼(Eaton)회사가 도심 남북중심 영(Yonge) 스트리트에 있는 메인 빌딩과 바로 옆 판매 상점을 지하로 연결하면서 시작된다. 그 후 1927년 유니언역 개통과 1977년 이튼센터가 건설되기까지 1970~80년대에 수많은 건물이 들어서고 연결통로가 완성된다. 기본개념은 The Pedestrian in Downtown Toronto(1959), Plan for Downtown Toronto(1963), Central Area Plan(1978) 등 여러 보행자 중심 계획과 제도정비를 통하여 본격적으로 구체화되었다.

PATH의 각 스펠링은 각기 다른 색으로 P는 빨간색 남쪽을 가리키고, A는 오렌지색 서쪽, T는 파란색 북쪽, H는 노란색으로 동쪽을 나타낸다. 이곳 패스에는 5,000여 명이 근무하며, 모든 대중교통과 50여 개가 넘는 오피스빌딩이 패스를 통하여 연결됨으로써, 평일 20만 명이 넘는 통근통행이 이루어지고 있다.

이렇게 토론토 도심 지상 보행환경과 공생하면서, 지하에서 바깥 날씨와 상관없이 최고의 쇼핑과 레스토랑, 모든 서비스 등을 즐길 수 있도록 보행자 편의와 선택권을 부여한 토론토 보행전략(Toronto Walking Strategy)의 세계적인 성공사례로 시사하는 바가 크다.

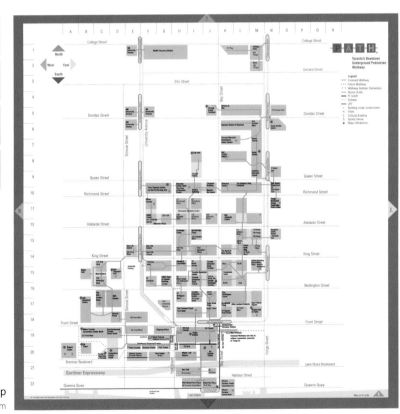

토론토 도심 PATH Map
http://www.torontopath.com

북유럽의
보행자전용도로를 거닐다

덴마크 코펜하겐의 명물 스트뢰에

1960년대 유럽은 도심부가 자동차로 가득 차 대기오염이 심각해 보행자가 안심하고 통행할 수 없어서 자연히 쇼핑객도 점차 줄어들었다. 이에 따라 차량으로부터 보행자를 보호하고 도심의 경제활성화와 쾌적한 보행환경 조성 등을 목적으로 1962년 덴마크 코펜하겐의 스트뢰에(Strøget)를 시작으로 도심 일정구역에 차량진입을 제한하는 보행자 전용공간이 유럽 도시들에서 조성되었다.

먼저, 북유럽의 최대 도시이자 인구 60만 명의 코펜하겐은 2025년 친환경 도시계획, 통근통학 자전거 이용률의 향상과 자전거도로 정비 성과로 2014년 유럽환경수도(European Green Capital Award)로 선정된 바 있다.

'스트뢰에'는 덴마크어로 '걷는다'는 의미로, 시청사 앞 광장과 콩겐스 뉘(Kongens Nytorv)광장을 연결하는 1마일의 보행자전용도로를 말하며 코펜하겐의 중심거리를 일컫는다. 당초 이를 조성하는 데 찬반 논의가 많았지만 실시된 이후에는 모든 시민이 만족했고, 이에 힘입어 지속적으로 보행자를 위한 환경개선과 공간을 확장해왔다.

1962년 11월 조성된 시점에 보행자전용도로와 광장의 면적은 15,800㎡ 규모였지만 이제는 북측으로 노르포트역(Norreport), 로센보르 공원(Rosenborg Have), 남측으로 국립박물관(Nationalmuseet), 크리스안스보르 성(Christiansborg)을 중심으로 스트뢰에와 연결하는 4개의 보행자도로를 포함하면 거의 7배의 면적인 100만㎡를 보행자공간으로 확장 전환

코펜하겐 시청에서 이어지는 보행자전용도로 스트뢰에 거리 및 시청 앞 광장

함으로써 세계적으로도 오래되고 규모가 커서 가장 성공한 보행자 중심 도시로 꼽히고 있다. 그리고 뉘하운(Nyhavn)은 공공디자인 프로젝트에서 최고의 수변공간으로 선정된 바 있으며, 2002년부터 Copenhagen X(CPHX)와 어반 액션플랜이 코펜하겐의 세련된 건축과 디자인, 도시공간의 일체적인 정비에 큰 역할을 했다.

감멜 광장(Gammeltove) 북측에는 12세기 기원인 성모교회, 15세기에 세운 코펜하겐 대학, 17세기에 지은 천문대 원형타워, 남측의 국회의사당, 왕립극장, 왕립미술아카데미 전시장 등 시가지는 거의 일직선상에 가까울 정도로 수많은 문화유산과 볼거리를 관광객에게 제공함으로써 코펜하겐의 스트뢰에는 보행자천국으로 명성이 높다.

스톡홀름 세르겔 광장에서
국회의사당으로 이어지는
보행자전용도로

그린수도를 걷는 즐거움, 스톡홀름

스웨덴의 수도 스톡홀름(Stockholm)은 면적 188㎢, 인구 95만 명으로 발트해 연안 멜라렌 호수 사이에 위치하며, 14개의 여러 섬으로 이루어져 있다. 시 면적의 30%가 운하이고, 공원과 녹지대도 30%를 차지해 스칸디나비아반도에서 가장 아름다운 도시 중 하나다.

특히 스톡홀름의 상징인 노벨상 축하만찬이 열리는 시청사가 유명하며, 2010년 EU에서 처음 유럽의 그린수도(European Green Capital)로 선정한 바 있다. 스톡홀름은 도시계획 슬로건이 '걷기 좋은 도시'로, 기본적으로 대중교통 이용을 통해 시가지 접근 편리성을 높이고 자전거와 보행자를 위한 지속가능도시로 인정받고 있다. 지멘스 사가 선정한 유럽 그린국가 목록에 코펜하겐에 이어 2위에 랭크되어 있다.

스톡홀름 중앙역에서 5분 정도 거리의 중심부에 있는 세르겔 광장에서 국회의사당을 거쳐 약1.5㎞ 펼쳐진 보행자전용도로를 따라 쇼핑가 및 주요 도시 기능이 밀집되어 있다. 이곳의 보행자전용도로에서 북측으로는 매년 12월에 노벨상 수상식장이 되는 콘서트홀과 남측으로는 구시가지 감라스탄(Gamla Stan) 대성당과 왕궁, 스토르토리에트 광장의 주변 건물군들과 좁은 골목길에서 중세도시의 오랜 역사를 느낄 수 있다.

핀란드 헬싱키의 보행자중심 도로

숲과 호수의 나라 핀란드 수도 헬싱키는 2019년 현재 인구 65만 명, 유럽의 최북단 핀란드만에 위치한 2만㎡가 넘는 호수가 18만여 개가 넘고, 남부의 발트해 연안에 복잡한 해안선과 몇십 개의 섬으로 이루어진 지속가능한 녹색도시다. 헬싱키 시내의 65%가 시유지로 공공용지율이

헬싱키 시내의
보행자중심 Transit mall

높고, 중앙역을 중심으로 한 배후 역세권 개발로 조성된 오픈공간과 도심 한가운데에 자리한 에스플라나디(Esplanadi) 공원은 많은 시민들이 모여 피크닉과 휴식을 즐기고, 공원 내 오픈카페에서 차를 마시면서 야외공연을 즐기는 등 자연스러운 보행자 공간이 잘 갖추어져 있다.

특히 중앙역 건너 시내 중심지는 대통령궁에서 스톡만 백화점까지 이어지는 헬싱키의 최대 번화가 알렉산테린카투(Aleksanterinkatu)는 보행자 중심 트랜짓 몰(Transit Mall)로 운영되고 있다.

친환경도시에 걸맞은 칼 요한스 거리

노르웨이의 수도 오슬로는 인구 66만 명, 전체 면적 480㎢ 중 3분의 2 정도가 공원과 호수, 숲으로 이어지는 녹지공간과 외곽 산림지대 노르드마르카(Nordmarka)로 둘러싸인 북유럽의 친환경도시다.

콤팩트시티(Compact City) 오슬로는 도시 내 어느 곳에서도 대중교통과 자전거로 쉽게 접근할 수 있으며, 2003년 유럽의 지속가능도시와 2007년 '세계에서 가장 살기 좋은 도시'로 선정된 바 있다.

'화석연료 제로 2020 프로젝트(Fossil Free 2020 project)'에 의해 2020년까지 오슬로의 모든 대중교통수단 연료는 재생에너지를 사용해야 하며, 1인당 전기자동차(EV) 보유대수가 가장 높은 도시답게 2025년까지 전체 버스의 60%를 전기차로 대체할 계획이다.

북유럽에서 차 없는 도시(Car free city)를 가장 적극적으로 추구하는 오슬로는 2019년까지 도심 약 1.7㎢ 권내에 승용차의 진입을 전면 금지할 계획이며, 이 일환으로 우선 2017년 600여 면의 노상주차장을 없애기로 했다.

오슬로의 메인스트리트 칼 요한스 거리(Karl Johans gate)는 중앙역에서 노르웨이 왕궁까지 거대한 가로수 및 녹지대로 이어지는 약 1.5㎞의 보행자전용도로다. 이 거리에는 오슬로 대학을 비롯해 1899년에 완성된 국립극장, 국립미술관과 역사박물관 및 17세기 전반에 지어진 오슬로 대성당 등 역사적인 건축물들과 함께 노르웨이의 문화를 충분히 느낄 수 있도록 보행자전용도로가 조성되어 있다.

오슬로 칼 요한스 거리의 왕궁으로 이어지는 녹지대

08

교통약자의 이동원활화

Barrier Free

휠체어 이용자를 위한
ST(Special Transport) 서비스

도로의 다양한 기능 가운데 장애인, 고령자 등 모두에게 안전하고 이용하기 쉬운 보행공간을 제공하는 것은 무엇보다도 중요한 과제로 볼 수 있다. 특히 고령화시대에 교통약자의 이동편의 증진을 위한 시설개선과 생활도로 개선대책이 요구되고 있으며, 장애인, 노인, 임산부 등 교통약자가 안전하고 편리하게 이동할 수 있는 다양한 이동편의를 활성화하는 정책이 절실하다.

이동할 권리,
모두가 차별 없이 누려야 한다

교통약자의 개념 및 현황

'교통약자'는 자동차이용 약자인 보행자 및 자전거 이용자, 일반인에 비해 약자인 장애인, 고령자와 부녀자 및 어린이 등을 포함해, 낙후된 소외지역 주민, 저소득자 등 경제, 사회적 이유에 의해 교통혜택을 많이 받지 못하는 사람들까지 포괄한다.

또한 '이동제약자'는 도보를 포함해 교통수단을 이용해 이동할 때 제약 당하는 사람들로서 고령자와 장애인에 한정하지 않고 신체적으로 일시 이동하기 힘든 환자, 임산부, 아기를 업고 있는 사람, 무거운 짐을 가지고 있는 사람 등을 모두 포함한 개념이다.

따라서 고령자와 장애인을 포함해 모든 사람들의 보행, 휠체어에 의한 이동을 기본적인 교통수단으로 안전성과 쾌적성을 확보할 수 있도록 보도정비 시 고려해야 하며, 이제까지 정비방침을 복지 시점에서 다시 보고, 보도와 차도의 분리, 노면의 평탄성, 유효폭원의 확보 등 교통약자의 이동 측면에서 배려해야 한다. 즉 보행자 공간의 연속성 확보 및 네트워크를 정비해 고령자와 장애인 등이 자유롭게 이동할 수 있도록 보행자 네트워크의 연속성을 확보하는 것은 복지의 가로환경정비를 위해 중요한 요소다.

'교통약자의 이동편의 증진법(교통약자법)'은 이를 배경으로 교통약자가 안전하고 편리하게 이동할 수 있도록 교통수단, 여객시설 및 도로에 이동편의시설을 확충하고 보행환경을 개선하기 위해 제정되었다.

여기서 '이동편의시설'이란 휠체어탑승 설비, 장애인용 승강기, 장애인을 위한 보도, 임산부가 모유를 수유할 수 있는 휴게시설 등 교통약자가 교통수단, 여객시설 또는 도로를 이용할 때 편리하게 이동할 수 있도록 하는 시설과 설비를 말한다.

교통약자법 제25조에 국토교통부장관은 매년 교통약자 이동편의 실태조사를 실시하도록 규정하고 있으며, 2006년 이후 매년 시행 중에 있다.

9개 道단위 지자체를 대상으로 실시한 2018년도 교통약자 이동편의 실태조사에 따르면, 2018년말 기준으로 우리나라의 교통약자는 전체인구 5,212만 명의 약29%인 1,509만 명으로 2017년에 비해 약 26만 명 증가했다. 교통약자는 현재 어린이(5-9세), 영·유아를 동반한 사람을 포함할 경우 전체 인구의 약 4명 중 1명에 이른다[23]

---

23) 2018년도 교통약자 이동편의 실태조사,국토 교통부,한국교통안전공단, 2019

교통약자의 승하차를
용이하게 하기 위해서
연결시켜 주는 경사판
(Sliding Ramp)

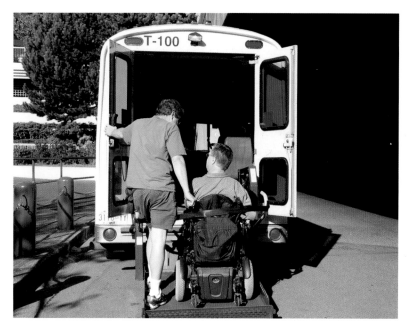

    교통약자 유형별로는 고령화 추세에 따라 고령자(65세 이상)가 765만 명으로 가장 높은 비율(약 50%)을 차지했고, 어린이, 장애인, 영유아 동반자, 임산부 순으로 높았다.

    그리고 교통약자의 지역 내 이동실태는 버스 이용률은 일반인(65.5%)과 임산부(58.3%), 고령자(54.4%), 장애인(27.5%) 순으로 장애인(지체장애인 24.2%)의 버스이용 빈도가 가장 낮은 것으로 조사되었다.

    따라서 이동원활화를 위해 고령자 및 어린이와 같은 교통약자를 위해 노인보호구역('19년 78개소) 및 어린이보호구역('19년 570개소)을 지속적으로 확충하고 있다.

교통약자의 이동권 확보를 위한 기본 방침

교통약자가 안전하고 편리하게 목적지까지 이동할 수 있도록 교통수단, 여객시설 및 도로에 편의시설을 확충하고, 보행연속성을 위해서는 우선적으로 도로에서의 보행자 동선상의 각 장소에서 안전성과 쾌적성을 고려하는 것이 중요하다. 이에 대하여 교통약자법 제3조(이동권)는 "교통약자는 인간으로서의 존엄과 가치 및 행복을 추구할 권리를 보장받기 위하여 교통약자가 아닌 사람들이 이용하는 모든 교통수단, 여객시설 및 도로를 차별 없이 안전하고 편리하게 이용하여 이동할 수 있는 권리를 가진다"고 명시하고 있다.

교통약자를 위한 보행편의증진에 있어서 통행동선을 확보하기 위해 기본적으로 배려해야 하는 주요 사항은 단차(고저차)의 해소, 통행을 위한 폭원의 확보, 평탄성 유지, 안전성·쾌적성의 확보 등이 있다.

① 단차(고저차)의 해소 : 보행동선 상의 단차는 최소한으로 하고 교차지점 등에서는 완만한 구배로 단차 해소를 도모하고 시각장애인이 보도와 차도 간의 경계를 식별 가능하도록 배려해야 한다. 등급이 낮은 가로와 간선도로의 교차지점에서는 지구내 차도 부분을 보도의 높이로 조정해 험프 구조로 만들고 보도와 차도 간 단차를 완화하는 것을 검토해야 한다.

② 통행을 위한 폭원의 확보, 평탄성 유지 : 보행공간의 폭원은 휠체어 통행을 고려해 확보하되, 유효폭원을 위해 방호책의 위치와 형태, 전신주와 표지주 등을 정리통합하고 가동장애물 제거 등을 검토해야 한다. 빗물 배수를 위한 횡단구배를 최소한으로 줄이고, 도로변 부지로 이어지는 진입부와 출입부에는 특수 블록을 채용하거나 보도를 완만한 구배로 평탄성을 유지해야 한다.

③ 안전성·쾌적성의 확보 : 횡단보도 설치 위치의 적정화를 도모함과 동시에 차도의 횡단부에서는 음향식이나 진동식 신호 등 교통약자를 배려한 시설정비를 검토해야 한다. 안전을 위해 쉽게 미끄러지지 않는 포장재를 이용하고, 유도용 블록이나 점자안내판 등 시각장애인을 위한 정보안내시설을 정비하고 표지가 눈에 잘 띄도록 배려해야 한다.

휠체어로도 찾아갈 수 있는 여객시설

철도역, 버스터미널, 여객선, 공항터미널 등 여객시설의 출입구부터 승강장에 이르기까지 통로에 시각장애자 유도블럭을 비롯해, 엘리베이터 및 슬로프에 의한 고저차를 해소하고, 휠체어 통행이 가능한 폭원을 확보하는 것은 여객시설의 이동원활화의 기본적인 목표라고 할 수 있다.

시각장애인이 선로에 넘어지지 않도록 승강장의 스크린도어, 가동식 홈펜스, 유도블록 등을 설비하고, 승강장과의 고저차가 많고 이동거리가 긴 경우 엘리베이터와 에스컬레이터를 설치해야 한다. 참고로, 일본의 경우 '이동원활화의 촉진을 위한 기본방침'에 따라 1일 평균이용자가 약 5,000명 이상의 철도역 가운데 고저차가 5m 이상의 역에 '장애물 없는 생활환경(Barrier Free)'을 위한 엘리베이터 혹은 에스컬레이터를 모두 설치한다. 그 외 출입구로부터 승강장까지의 시각장애자 유도용 블록, 시각정보 및 청각정보를 제공하는 설비를 갖춘다.

트램과 일반철도의 승강장에서도 휠체어 이용자를 위해 단차를 최대한 줄이고 있다.

교통약자 이동편의시설,
접근성은 높이고 불편함은 낮추다

휠체어 이용자의 이동권 확보와 교통약자가 버스를 이용하는데 어려움이 없도록 저상버스 도입을 지속 확대할 수 있도록 지원하고, 여객시설에 대한 장애물 없는 생활환경과 함께 보도의 기하구조, 보도의 유효폭원, 입체횡단시설, 안내표식 등의 정비가 필요하다.[24]

특히 주요 교통거점 시설을 포함한 보행우선구역에는 교통약자법 제7조에 의거 5년 단위로 각 자치단체에서 지방교통약자 이동편의 증진계획을 수립하도록 한 '교통약자 이동편의증진계획'을 토대로 여객시설뿐만아니라 주변 접근도로를 중점적이고 일체적으로 정비해 대중교통수단을 이용하는 교통약자의 이동원활화를 촉진해야 한다.

휠체어 사용자가 통행할 수 있도록 보도 또는 접근보도의 노상시설 등을 제외한 유효폭원을 2m 이상 확보하고, 보도 등의 바닥 표면은 교통약자가 미끄러지지 않는 재질로 평탄하게 마감해야 하고, 보도의 높이는 표준 5cm로 불규칙한 보도를 해소해야 한다.

보도 등의 종단경사 기울기는 18분의 1 이하로 하고, 횡단경사 기울기는 25분의 1 이하로 한다. 횡단보도와 접속하는 보도와 차도의 경계구간에는 턱을 낮추거나 경사로를 설치해야 한다. 보도와 차도 경계부의 단차는 표준 2cm 이하로 설치한다.

---

24) 국토교통부, 교통약자 이동편의시설설치·관리매뉴얼, 2016. 12 도로시설에 대하여 참조

왼쪽부터 교통약자를 위한 일본에 설치된 낮은 교통표지판, 음성 감지 안내표지판,
네덜란드 암스테르담에 설치된 야간 전광안내표지판

 교차로, 입체횡단시설 등 계단부에는 시각장애인 유도용 블록을 반
드시 설치하고, 신호등에는 음향기능과 교통약자용 녹색시간 연장기능
을 정비함으로써 도로횡단의 안전성을 확보한다.

 교통약자 등이 편리하고 안전하게 교통수단, 여객시설 또는 이동편
의시설을 이용할 수 있도록 안내정보 등 교통이용에 관한 정보와 각 시
설의 안내표지를 비롯해 지도에 의한 정보를 제공한다.

교통약자가 편하고 쉽게 타는 대중교통이어야

저상버스의 논스텝(Non-step) 버스는 승하차 계단이 없어서 도시철도와 같이 수평 승하차가 가능해 선진외국에서는 이미 보편화된 대중교통수단이다. 선진외국의 저상버스 도입율은 이미 영국 런던 70%, 덴마크 코펜하겐 60%(2019년) 등으로 절반 이상이나, 우리나라 국토교통부의 지자체별 저상버스 보급 현황을 살펴보면 전국 시내버스 33,796대에서 저상버스는 7,579대로 22.4%로 파악된다.

또한 저상버스(Low floor)는 차량에 리프트 혹은 슬로프를 부착하거나 휠체어 이용을 가능하게 할 수 있으며, 원스텝(One-step) 버스의 경우 승강 고저차를 해결하기 위해 버스 승강장을 차량의 바닥높이와 같이 설치해 교통약자에게 이용편의를 제공할 수 있다.

암스테르담에 운행중인
휠체어 승하차가 가능한
저상 굴절 전기버스

한편, 장애인 등 교통약자의 이동편의를 위해 휠체어 탑승설비를 장착한 차량을 '교통약자 특별교통수단'이라고 한다. 이는 교통약자를 위해 출발지에서 도착지까지 실어주는 대중교통서비스로 외국에서 다양한 형태로 보급되고 있다.

영국 모빌리티 버스와 일본의 아카 버스 등 리프트를 장착한 커뮤니티버스가 주택가와 지하철역 주변을 연결하는 마을버스 역할을 함으로써 교통약자뿐만 아니라 일반인들도 기존의 노선버스 불편지역에서 쉽게 이용할 수 있다.

국내에서도 특별교통수단의 보급을 늘리고 안전운행 매뉴얼과 이동지원센터 표준플랫폼 구축 등을 포함한 제도개선을 통해 특별교통수단 이용자가 더 안전하고 편리하게 탑승할 수 있도록 추진 중에 있다.

휠체어 탑승 설비를 장착한 ST서비스 택시
(닛산자동차 NV200)

교통약자를 위한 시스템
배려하는 마음을 담다

교통약자 이동편의시설 설치 및 관리 매뉴얼

국내 장애인 편의시설에 대한 세부지침은 1994년 12월에 제정한 '장애인 편의시설 및 설비의 설치기준에 관한 규칙'이 있으며, 그 후 1997년 3월 「장애인·노인·임산부 등의 편의증진 보장에 관한 법률」이 제정되어 편의증진 대상이 장애인에서 고령자와 임산부 등으로 확대되었고 2018년 8월 개정되어 적용되고 있다.

참고로 2018년 「장애인·노인·임산부 등의 편의증진 보장에 관한 법률」의 개정에 따라 「교통약자의 이동편의 증진법」의 이동편의시설 설치 기준과 서로 차이가 있어서 새로운 개선방안을 검토한 바 있다.[25]

또한 2006년 1월에 「교통약자의 이동편의 증진법」을 시행하고, 교통약자의 이동문제 해결을 위해 이동편의시설 확충과 개선 계획을 포함한 교통약자 이동편의 증진계획을 세 차례에 걸쳐 수립했다.

계획도 필요하지만 실제 이동편의시설을 제대로 설치하고 운영하는 것 또한 매우 중요하므로 2007년 각종 이동편의시설에 대한 매뉴얼을 처음 작성했고, 최근 2016년 12월 국토교통부에서 '교통약자 이동편의시설 설치·관리매뉴얼'을 발표했다.

고령자, 신체장애자 등 교통약자의 이동편리성 및 안전성을 향상시키는 목적으로 교통수단과 여객시설, 도로시설 및 보행우선구역에 대

---

25) 한국교통안전공단, 교통약자 이동편의시설 설치매뉴얼 개선연구(2018. 12)

한 각 부문별 주요 내용을 간략히 정리하면 다음과 같다.

먼저, 휠체어 승강설비의 경우 교통약자의 이동편의를 위해서는 저상형 버스 보급이 우선되어야 하며, 교통약자의 승·하차를 위해 승강구 첫 번째 계단높이를 가능한 낮추도록 해야 한다. 또한, 휠체어리프트나 경사판과 같은 승강설비를 갖춰야 한다.

저상형 시내버스는 좌석 공간을 제외한 차량 안 바닥 면적의 35% 이상이 승강구의 첫 번째 발판과 동일한 면에 있어야 하고, 휠체어 및 유모차가 승차할 수 있도록 자동경사판 등의 승강설비를 갖춰야 한다. 휠체어 승강설비가 설치된 버스에는 휠체어 사용자를 위한 전용공간을 길이 1.3m 이상, 폭 0.75m 이상 확보해야 하며, 지지대 등 휠체어의 고정 설비를 갖춰야 한다.

휠체어 전용공간은 다른 철도차량 이용자의 통행으로 인해 불편함을 겪지 않도록 길이 1.2m 이상, 폭 0.7m 이상을 별도로 확보하도록 하고,

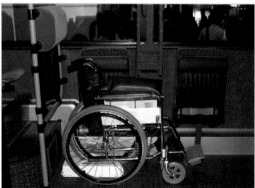

휠체어리프트와 휠체어사용자의 고정설비

자료 : 국토교통부, '교통약자 이동편의시설 설치·관리매뉴얼', 2016년 12월

휠체어가 철도차량의 흔들림 등에 견딜 수 있도록 휠체어를 고정하는 설비를 갖추도록 한다.

일반적으로 도시철도 및 광역철도 차량의 교통약자용 좌석은 승강구 부근의 앉기 편리한 위치에 차량당 12개, 좌석수 50개 미만인 경우에는 좌석수 20% 이상 설치해야 한다. 이 경우 휠체어를 위한 전용공간 1개소당 교통약자용 좌석 3개를 설치한 것으로 본다.

교통약자를 위한 보도 및 접근로

보행로 접근로 및 통로에서는 보행접근로의 바닥면의 높이 차이가 1.8m 미만은 「교통약자법」 시행령 별표1 기준에 따라 기울기 12분의 1의 경사로나 수직형 리프트를 이동하고, 높이 차이가 1.8m 이상인 경우 12분의 1 이하의 경사로나 휠체어 사용자가 단독으로 이용할 수 있는 엘리베이터를 설치하는 것이 원칙이다.

여객시설 내에서 통로 유효폭은 2m 이상으로 한다. 통로 끝부분의 넓이를 휠체어의 회전에 지장이 없도록 하고, 50m 이내마다 휠체어 회전이 가능한 넓이인 가로 세로 각각 1.8m 이상을 확보해야 한다. 또한 경사로에서 별도의 해빙 또는 결빙방지시설 없이 옥외에서 사용 가능한 경사로의 기울기는 최대 20분의 1을 넘지 말아야 한다.

한편 휠체어가 통행할 수 있도록 보도 또는 접근로(보도)의 유효폭은 2m 이상으로 해야 한다. 보도의 유효폭 1.5m는 휠체어 상호간 또는 휠체어와 유모차 등이 서로 교행할 때 한쪽이 정지해 교행을 할 수 있는 최소 유효폭이다.

보도 등의 기울기는 18분의 1 이하로 해야 한다. 다만, 지형상 불가능하거나 불가피하다고 인정되는 경우에는 12분의 1까지 완화할 수 있다. 그리고 횡단경사의 기울기는 25분의 1 이하로 한다.

횡단보도 전체의 보차 경계 부분 턱높이는 2cm 이하로 한다. 연석경사로 기울기는 12분의 1이하로 하며, 경사로 옆면의 기울기는 10분의 1 이하로 한다.

주변 30m 이내에 횡단보도가 설치되어 있지 않은 곳의 지하도 또는 육교에는 완만한 경사로로 계단을 갈음하거나 계단과 승강기 및 에스컬레이터 또는 경사로를 함께 설치할 수 있다.

장애인전용주차구역은 주차대수 규모가 20대 이상 50대 미만인 경우 한 면 이상, 50대 이상인 경우 노외주차장과 마찬가지로 주차대수의 2~4% 범위에서 해당 지방자치단체의 조례로 정하는 비율 이상 설치해야 한다.[26]

장애물 없는 생활환경을 만드는 Barrier Free법

미국에서는 교통약자의 이동권을 보장하기 위한 법안으로 1990년 「미국장애인복지법(Americans with Disabilities Act, ADA)」을 제정해 장애인에 대한 모든 물리적, 사회적 편의를 증진하고 있다.

또한 이 법에 근거해 교통약자가 이용할 수 있는 도로환경에 대해서는 미국장애인법 접근성지침(Americans with Disabilities Act Accessibility Guideline, ADAAG)에서 폭과 경사 등 휠체어로 이동하는 데 필요한 최소조건을 비롯해 보도 유효폭 및 보도 경사로 등의 규정을 정하고 있

---

26) 주차장법 시행규칙 제4조 '노상주차장의 구조·설비기준'과 제5조 '노외주차장의 설치에 대한 계획기준'

다. 미국의 도로 관련 지침은 미국 주도로 교통 행정관협회America Association of State Highway and Transportation Officials(AASHTO)의 그린북 'A Policy on Geometric Design of Highway and Streets(Green Book)'에 명시하고 있다.

영국은 1995년 장애인차별금지법을 제정해 장애를 가진 사람이 고용, 교육, 대중교통이용 등에 있어서 차별을 받지 않도록 규정했고, 지난 2010년 추가적으로 성과 인종 차별 등의 과거 3개 법률인 1970년 평등임금법, 1975년 성차별금지법, 1976년 인종관계법을 포괄하는 평등법을 제정해 적용하고 있다.[27]

일본은 2000년 처음으로 장애물 없는 생활환경을 위한 교통법을 제정해 공공교통기관의 여객시설, 차량 등의 이동원활화를 촉진했다. 그후 시책 확충을 도모하기 위해 흔히 '하트풀 빌딩 법'이라고 부르는「고령자 신체장애자 등이 원활하게 이용할 수 있는 특정건축물의 건축에 관한 법률」을 일체화했다.[28]

2006년 12월「고령자·장애자 등 이동 등의 원활화 촉진에 관한 법률」을 개정해 대중교통수단, 도로, 건축물 등의 종합적이고 일체적인 장애물 없는 생활환경을 추진하고 있다.

지금까지 대상으로 하는 고령자나 신체장애인뿐만 아니라 지적장애, 정신장애, 발달장애에 이르기까지 모든 장애인을 대상으로 여객시설과 차량 등 공공교통 기관, 도로, 노외주차장, 도시공원, 건축물을 신설하는 경우에는 일정의 이동원활화 기준에 적합해야 한다.

---

27) Equal Pay Act 1970, the Sex Discrimination Act 1975, the Race Relations Act 1976.
28) 교통 베리어프리법「高齢者, 身体障害者等の公共交通機関を利用した移動の円滑化の促進に関する法律」, 하트풀 빌딩(heartful + building)법은「高齢者, 身体障害者等が円滑に利用できる特定建築物の建築の促進に関する法律」

또한 지자체가 작성하는 기본구상을 토대로 여객시설, 건축물 등과 이곳으로 경로 이동 등 이동원활화를 중점, 일체적으로 추진하는 것을 내용으로 이동원활화 기준을 정하고 있다.[29]

일본의 경우, 2018년에 펴낸 '공공교통기관의 여객시설의 이동원활화 정비 가이드라인'(여객시설편, 차량편)은 1983년 처음 만든 '공공교통터미널에 대한 신체장애자용 시설정비 가이드라인'과 1990년 '신체장애자·고령자를 위한 공공교통기관의 차량구조에 관한 모델 디자인'을 각기 수차례 개정해 작성했다.

이는 2020 도쿄올림픽과 패럴림픽 개최에 대비하여 장애물 없는 사회를 실현하기 위한 것이며, 2017년 2월 '유니버설 디자인 2020 행동계획'에 의거해 공공교통 분야의 장애물 없는 생활환경 수준을 향상시키기 위해 새롭게 개정해 발표했다.

29) 「移動等円滑化のために必要な旅客施設又は車両等の構造及び設備に関する基準を定める省令」

휠체어가 내릴 수 있도록 경사판이 설치되어 있는 저상버스

III

새로운
대중교통 르네상스를
꿈꾸며

09

대중교통 중심 개발 (TOD)

Transit Oriented Development (TOD)

기타큐슈시(北九州市)
고쿠라역 교통센터 빌딩
1998년 일본에서 처음으로
모노레일 역사를 직결시킴.

대중교통 중심 개발(TOD)이란 대중교통을 중심으로 보행권과 역세권을 공간 범위로 대중교통 친화적인 공간이 조성되도록 도시를 개발하는 것을 말한다. 저밀개발과 도시확산(Urban Sprawl) 등으로 환경과 교통 문제를 경험한 북미 도시에서 뿐만 아니라 이제는 전 세계적으로 스마트성장과 대중교통 중심의 도시개발 등에 대한 필요성을 인식하고 있다.

도시개발,
대중교통을 먼저 생각하다

새롭게 떠오른 TOD[30]

대중교통 중심 개발(TOD, Transit Oriented Development)은 미국 건축가 피터 캘도프(Peter Calthorpe)가 처음 주창한 도시개발 방식으로, 철도역과 버스정류장 주변 도보 접근이 가능한 반경 400~800m에 대중교통 중심 생활권을 형성해 대중교통체계가 잘 정비된 중심지구는 고밀도로 개발하고, 외곽지역은 저밀도 개발을 추구하는 방식이다. 즉 주요 철도역이나 버스정류장 등 대중교통 결절점을 중심으로 도보로 접근 가능한 거리 내에 상업, 업무, 주거, 공원, 여가시설 등을 보행 친화적으로

30) 건설교통부(2007.11), 대규모 개발사업계획의 대중교통시설계획에 관한 기준.
    Peter Calthorpe, The Next American Metropolis: Ecology, Community, and the American Dream, Princeton Architectural Press, 1993.

설계하고, 고밀도의 복합적 토지 이용으로 철도역 중심의 역세권 개발과는 차별화했다.

피터 캘도프는 TOD(Urban TOD)와 근린주구형 TOD(Neighborhood TOD)로 분류하고 있었지만, 그 외에도 회랑형 대중교통중심개발의 대표적 개발유형인 대중교통회랑(TOC, Transit Oriented Corridor)을 확대 적용하고 있다.

주택도시개발성과 교통성, 환경보호국이 연계한 미국 정부기관 협의체(HUD−DOT−EPA Partnership for Sustainable Communities)는 비영리법인 CTOD와 함께 개발 유형을 도심·교외중심·대중교통거점 등의 중심형과 도시근린·대중교통근린 등 지구근린형, 복합용도의 회랑형으로 구분해 시행하고 있다.[31]

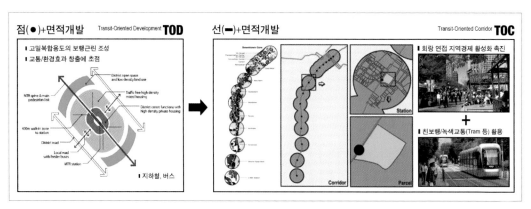

TOD와 확대 개념인 대중교통회랑(TOC) 비교

자료 : 국토연구원 2011-63, 녹색도시 구현을 위한 대중교통회랑 구축방안

---

31) 서민호, 국토정책 Brief 제324호(2011.5), 대중교통을 활용한 저탄소·녹색도시 구현 전략,
    HUD : U.S. Department of Housing and Urban Development, DOT : U.S. Department of Transportation, EPA : U.S. Environmental Protection Agency, CTOD: The Center for Transit-Oriented Development

에스토니아의 수도 탈린, 시민들에게 2013년부터 무료 대중교통 이용 프로그램이 시행되고 있다.

도시형 TOD은 대중교통 중심으로, 중심상업·업무·문화·공공시설을 집적시키고 중·고밀도 개발밀도를 갖는 복합용도개발(Mixed-Use Development)을 유도해 보행자 친화적인 공간을 조성하고 가로활동을 활성화한다.

근린주구형 TOD은 대중교통 중심으로 근린생활 편익시설, 공공·문화·교육 등 근린공공시설, 공원 등 근린광장을 집적시키고 보행 및 자전거의 접근성을 높인다. 또한 정류장을 중심으로 고밀주거지를 배치하고 외곽으로는 중·저밀 주거를 배치한다.

TOC는 승용차 의존적 도시공간구조를 간선급행버스(BRT)와 트램 등 대중교통노선 중심으로 개선하는 것으로, 노선 주변 토지이용을 중·고밀도로 복합화하고 보행 및 자전거 친화적인 대중교통 중심 생활권을 회랑형으로 조성하는 도시·교통 통합개발 방식이다.

TOD 계획요소와 개발 방법

TOD 계획 원칙은 대중교통서비스를 제공할 수 있는 수준의 고밀도를 유지하고, 역으로부터 보행거리 내 주거, 상업, 공원, 공공시설을 설치하며, 걸어서 목적지까지 이동할 수 있는 보행 친화적 개발을 골자로 하고 있다. 이는 교통계획과 고밀도 복합적 토지이용계획의 연계, 대중교통과 보행자 중심의 교통환경 등을 통해 실현하는 것이 중요하다.

TOD 계획 요소는 일반적으로 대중교통 결절점을 중심으로 도보로 접근 가능한 범위를 가지며, 콤팩트하고 복합적 토지 이용(Compact, Mixed-use)과 보행 친화적인 디자인이라 할 수 있다.

미국 주정부와 시정부는 대중교통 중심 도시개발을 위한 토지이용 및 배치 등 계획 요소의 TOD 가이드라인을 정하고 있으며, 사업시행을 위한 재정 및 금융지원, 인프라 건설보조, 개발절차 간소화 등 각종 지원책 등이 마련되어 있다. 특히 스마트성장(Smart Growth America)을 위한 TOD 역할이 중요하므로 연방 대중교통청(FTA, Federal Transit Administration)에서는 각 자치단체의 TOD 프로젝트와 정책을 온라인과 현장에서 적극 기술지원하고 있다.

FTA의 기술지원은 대중교통 협동 연구 프로그램(TCRP, Transit Cooperative Research Program) 등을 통해 계획 및 분석 도구 제공, TOD 정보의 통합 온라인 데이터베이스 운영, P2P 정보교환 등이다. 그 외에도 각 자치단체는 역 주변 개발 및 자금조달을 포함한 TOD 추진절차 등을 포괄적으로 지원 요청할 수 있다.[32]

---

32) https://www.transit.dot.gov/funding/funding-finance-resources/transit-oriented-development

일본의 경우 도시개발을 원래 철도에 의존했으며 100여 년 전부터 도심 터미널역의 백화점 등 상업중심개발, 사철연선의 주택개발, 뉴타운 개발과 접근 철도정비 등 철도회사 계열의 민간 기업을 주체로 이제까지 역세권 개발의 모델로 정착해왔다. 과거의 역사개발은 철도역의 비좁은 공간에 대형백화점을 밀집시켜 과밀 협소한 공간을 조성했으나, 근래는 역사와 역 광장, 지하공간 등 역사 주변을 지구 단위로 활발하게 재개발하고 있다.

이처럼 일본의 TOD는 철도역 등의 대중교통 거점 주변에 도시기능을 콤팩트하게 집적하는 것과 동시에 철도, 버스의 환승이 용이한 교통 결절점을 정비하고, 특히 지하공간의 고도 이용이나 역사적 건조물을 활용한 경관 형성 등도 아울러 실시하고 있다.

TOD 계획원칙의
8개 평가항목을 토대로한
TOD Standard 순위 발표
www.itdp.org

ITDP(Institute for Transportation and Development Policy)
TOD Standard, 3rd ed. 2017.

TOD, 보행과 대중교통이 친화적인
도시를 만들다

오사카 난바지구 재개발로 확 바뀐 난바파크(Namba Parks)[33]

1987년 난카이(南海) 철도를 중심으로 난바지구 재개발사업연구회를 발족해 재개발사업을 구상했고, 1998년에 해체된 오사카 구장의 이전 부지에 난바파크 공사를 착공, 2003년 10월 제1단계, 2007년 4월 2단계를 개업해 전체를 완성했다.

시설면적은 51,800m², 지상 10층 지하 3층으로 시설 전체는 '녹지와 공존'을 주테마로 하고 있다. 건물은 동경 롯폰기 힐스를 설계한 미국 건축가 존 저디(Jon Jerde)가 설계했고, '미래도시 나니와 신도(新都)' 콘셉트로 재개발한 오사카 시내 중심 복합시설이다.

난바파크는 상업동인 숍앤디너스 및 사무동인 파크타워 2개로 구성되어 있다. 파크가든 면적은 약 11,500m²의 도시공원으로, 도시지역에서 건물 전체가 자연경관과 어울리게 지상에서 9층까지 연속적인 생태가든을 조성한 점이 특징이다.

난카이 난바역은 콘코스를 통해 바로 직결되고, 주변의 오사카 지하철은 3개 노선의 난바역을 비롯해 사철 킨테츠(近鉄)와 한신(阪神)의 오사카 난바역, 그리고 JR 난바역 모두 도보 10분 거리에 위치하고 있는 등 TOD 우수 사례로 꼽힌다.[34]

---

33) 난바파크 웹사이트, http://www.nambaparks.com
34) 오사카지하철 난바역 : 미토스지선(御堂筋線) 센니치마에선(千日前線), 요츠바시선(四つ橋線), 사철 近鉄·阪神 大阪難波駅, JR西日本 JR難波駅

TOD 우수사례,
오사카 난바 복합시설
난바파크(Namba Parks)

자료 : https://www.obayashi.co.jp/works

대표적인 보행친화적 도시, 포틀랜드

포틀랜드(Portland)는 미국 오리건 주 북서부에 위치한 인구 647천 명의 도시다. 미국의 포퓰러 사이언스와 그리스트 매거진 및 온라인 지속가능 커뮤니티[35]에서 미국의 녹색도시(Greenest City in America), 세계 2위 그린시티, 미국 최고의 지속가능도시 수상 등 수많은 도시평가에서 미국의 대표적인 보행과 대중교통 친화적인 도시로 손꼽힌다.

---

35) Popular Science와 Grist Magazine(http://grist.org) 및 온라인 지속가능 커뮤니티(http://www.sustainlane.com)

보행과 대중교통이
친화적인 도시
포틀랜드

　도시권의 성장관리를 위해 메트로를 중심으로 1995년 'Region 2040 Growth Concept'을 수립했고, 이러한 장기 비전을 실현하기 위해 토지이용과 교통계획을 상호 연계해 모든 정책을 추진했다는 점에서 주목할 만하다. 특히 포틀랜드의 1972년 다운타운 플랜은 도심 접근성과 교통개선을 위한 통합적인 해결책으로 대중교통 중심 도시개발을 이미 제안했다.

　TOD의 기본 콘셉트는 고밀도 오피스축의 형성, 보도 확폭·공공조경·가로수의 설치 등 트랜짓 몰의 정비, 강과 도심의 중심을 잇는 상업축의 형성, 간선도로의 폐지와 그 곳에 공원 및 광장 정비, 역사지구 보전 등이 포함되어 있다.

　그리고 TOD의 성공 사례 이면에는 도시성장경계(UGB, Urban Growth Boundary) 안에서 도심활성화를 위한 고밀도의 복합용도 개발하면서 대중교통체계의 구축과 보행접근성을 높일 수 있는 실천적인 프로그램이 그 밑바탕이 되었다고 볼 수 있다.

　포틀랜드 대중교통시스템은 트라이맷(TriMet)에서 운영하고 있다. 경전철 MAX는 전체 5개 노선에 총 연장 96.9㎞, 145개 역을 운행하고 있으며, 2018년 기준 1일 121천 명을 수송하고 있다. 노면전차는 시내구간을 순환하는 2개 노선, 버스는 총 80개 노선으로 도심부 트랜짓 몰(Transit Mall)에는 각 방면의 버스노선이 집중적으로 배치되어 있고 배차간격도 15분 이내로 노선 간의 환승이 매우 편리하다. [36]

36) 포틀랜드 버스와 경전철 MAX(Metropolitan Area Express), 통근전철 WES(Westside Express Service) 및 노면전차(Streetcar) 운영기관 TriMet 웹사이트, http://trimet.org

트램을 중심으로 한 멜버른의 TOD

멜버른(Melbourne)은 오스트레일리아 남동부에 위치한 빅토리아 주의 주도로서 2019년 인구는 5,078천 명, 면적 9,992㎢로 시드니 다음으로 인구와 산업이 집중되어 있고 대표적인 환경·문화도시이다.

주정부는 지난 2017년 지속가능한 도시 발전과 변화를 위하여 멜버른 장기계획(Plan Melbourne 2017~2050)을 수립해 추진해 오고 있다. 2050년 장기계획전략은 고용을 활성화하고 교통 서비스의 접근성을 향상시키기 위한 주요정책과 방향이 담겨져 있는데, 특히 살기 좋은 도시를 위하여 20-minute neighbourhood 개념을 적용하고 있다. 이러한 20분 커뮤니티란 모든 지역생활서비스에 자전거와 지역 내 교통수단을 이용하여 집에서부터 20분 내 접근할 수 있도록 하는 것이다.

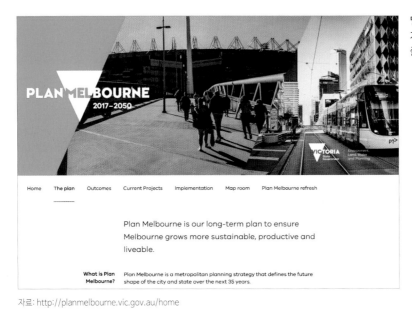

멜버른
지속가능한 장기계획,
플랜 멜버른 (2017-2050)

자료: http://planmelbourne.vic.gov.au/home

멜버른의 모든 대중교통시스템은 PTV(Public Transport Victoria)에서 운영하고 있으며, '2012~2030 운송전략'에서 장래 2030년 대중수단 분담율은 40%를 목표로 추진할 정도로 친환경 교통수단 트램 중심의 TOD 우수 사례 도시이다.

135년 전인 1885년 케이블 트램 시대부터 오랜 기간 동안 트램 역사를 지니고 있으며, 2015년부터 중심상업구역을 프리 트램 존(Free Tram Zone)으로 운영하고 있다. 2017년 기준 총 연장은 250km으로 세계 도시 가운데 가장 긴 네트워크로 유명하다.

멜버른 철도역 중에 가장 현대적인 서던크로스역은 1960년대에 역사가 새롭게 건립되었고, 애들레이드, 시드니, 퍼스 등을 연결하는 오스트레일리아 대륙으로부터 실제 진입하는 관문 역으로 중요한 의미를 갖고 있다. 또한 2006 멜버른 코먼웰스 게임(Commonwealth Games)에 맞춰 역사를 재건축했다. 이 재건축물은 영국의 니콜라스 그림쇼&파트너스(Nicholas Grimshaw & Partners)에서 설계했고, 영국 왕립건축가협회(RIBA, Royal Institute of British Architects)의 우수 건축물 상을 수상했다.

멜버른 복합환승센터
서던크로스역

복합터미널 건축물 중앙 지붕이 웨이브 곡선의 독특한 디자인이고, 콜린스 스트리트(Collins Street)에 출입구를 새로 만들어 콘코스 연결과 푸드 코트, 레스토랑 등을 비롯해 스펜서 아울렛(Spencer Outlet Centre)이 입점함으로써, 멜버른의 도크랜드 지구가 새로운 랜드 마크로 자리매김하는 계기를 마련했다.[37]

세계적으로 벤치마킹되는 브라질 쿠리치바

쿠리치바 시(Curitiba)는 브라질 남부 상파울로 시와 약 400㎞ 떨어져 해발 930m의 아열대 연안에 위치한 대도시로 파라나 주(Paraná State)의 중심 도시이고, 2017년 인구는 191만 명, 대도시권은 340만 명이며, 도시 면적은 430.9㎢에 이르고 있다.

1965년 설립된 쿠리치바 도시계획연구소(IPPUC)[38]는 통합적인 개발계획에 관련 연구와 프로젝트 등 중요한 역할을 수행했으며, 이곳에서 세운 도시구조의 도로망 체계는 기본적으로 5개 도시 축을 설정하고 원칙적으로 3중 도로시스템으로 구성했다. 중앙도로는 4차선(2차선 버스전용차선)이고 양측 도로는 일방통행이다.

TOD 계획원칙인 토지이용에 있어서는 시가화 구역의 용도지역지구(Zoning)에 따라 상세적인 건축제한을 받고 있다. 즉 간선도로 사이 2블록은 특별 용도지역 지구로 모든 상업서비스 기능이 입지 가능하여, 버스전용도로에 근접할수록 고밀도 도시 활동이 이루어지게끔 해 버스수

37) Public Transport Victoria(public transport information), https://www.ptv.vic.gov.au
38) Curitiba Research and Urban Planning Institute(www.ippuc.org.br)

요를 창출할 수 있도록 계획했다.

특히 마스터플랜에서 BRT 중심의 교통계획은 통합네트워크(RIT, Integrated Transport Network)를 확립하고자 했으며, 도심부의 중앙버스전용차로나 역주행 버스차선, 버스 색깔별로 간선, 지선버스 등 버스노선체계를 개편했다. 시가지 중심에서 방사선형으로 6개 노선 21개 정류장, 노선 연장 81.4㎞ 버스전용도로를 주행하며 차량은 3연접 빨간색 차량으로 1일 230만 명이 이용하고 있다.

이처럼 버스 네트워크를 중심으로 한 도시 축을 따라 버스수요 창출을 유도한 토지이용계획, 도로기능을 충분히 고려한 Zoning 등 토지이용계획과 교통계획이 통합적으로 이루어짐으로써 대표적인 TOD 우수 사례로 평가받고 있다.

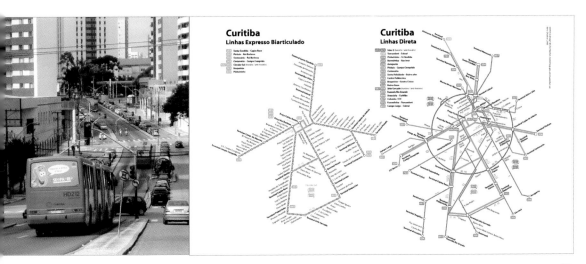

쿠리치바 버스중심 통합네트워크(RIT, Integrated Transport Network)

자료 : https://en.wikipedia.org/wiki/Rede_Integrada_de_Transporte

그 외에도 하천과 생태공원, 녹지의 지속적인 조성과 이용 등 녹지정책, 교외에 거주하는 저소득층을 배려한 저렴한 단일요금제로 자유롭게 갈아탈 수 있는 사회적 요금제와 같이 작은 예산으로 시민들에게 복지적인 혜택이 주어지는 창조적인 정책들이 쿠리치바를 전 세계적인 친환경 모델도시로 인정받게 했다.

BRT 중심 TOD 교통정책과 생태분야에서 괄목할 만한 성과들은 무엇보다 도시계획연구소의 역할과 활동을 바탕으로, 1970년대 초부터 1990년대 초까지 시장을 세 번 역임한 자이메 레르네르(Jaime Lerner)의 목표지향적인 정책 집행으로 볼 수 있다.

남아프리카 TOD 선도도시로 부상한 케이프타운

남아프리카공화국의 입법수도인 케이프타운(Cape Town)은 면적 400㎢, 도시권 인구 374만 명으로, 요하네스버그에 이어 제2의 도시다. 테이블만에 접한 최남단 항구도시로 오래전부터 상업, 금융, 관광 등 다양한 산업이 발달했다. 특히 2014년 '뉴욕타임스'가 선정한 '세계의 가볼 만한 곳' 1위에 선정된 바 있다.

남아프리카에서 가장 오래된 도시로서 세계 7대 자연경관으로 꼽히는 테이블 마운틴과 희망봉 케이프 포인트는 케이프타운의 상징 같은 곳이다. 인도양과 대서양을 가로지르는 케이프반도 해안선이 끝없이 펼쳐져 산과 바다의 아름다운 자연환경이 잘 어우러진 관광도시다.

2010 FIFA 월드컵을 개최한 것을 계기로 BRT 시스템인 MyCiTi 버스를 처음으로 운행했으며, 단계별로 확장해 간선급행버스는 36개 노선에 이르고 1일 6만 명 이상 이용하는 주된 대중교통 시스템이다.

간선급행버스 MyCiTi 중심의
케이프타운 TOD 사례

남아프리카공화국 교통도시개발국(TDA, the Transport and Urban Development Authority)은 남아프리카공화국의 선도적인 TOD를 목표로 간선급행버스 네트워크를 효율적으로 구축해 도시 내 주택지 75%가 500m권 내 MyCiTi 서비스를 제공할 계획이다.

특히 2015년 10월에는 전문가 TOD 위원회를 구성해 케이프타운 통행 특성과 장래 교통수요를 분석하고 각 교통축의 우선순위별로 간선급행버스 중심의 TOD 개발전략과 실행 프로그램 등을 연구보고서 '케이프타운 시의 대중교통 발전을 위한 전략적 구상'으로 발표하는 등 남아프리카공화국의 선도 도시답게 적극적으로 추진하고 있다.[39]

39) City of Cape Town Transit Oriented Development Strategic Framework, 2015.10

10

복합환승센터

Complex transit center

프랑스 스트라스부르 중앙역 (TGV)
지상보행광장 및 지하 P&R 주차장으로
정비된 복합환승센터

'복합환승센터'란 각 교통수단 간의 원활한 연계교통 및 환승활동과 상업·업무 등 사회경제적 활동을 복합적으로 지원하기 위해 환승시설 및 환승지원시설이 상호 연계성을 갖고 모여 있는 시설로서, 국토교통부에서는 복합환승센터 개발 기본계획을 비롯해 복합환승센터 개발계획 및 실시계획 수립지침, 설계 및 배치기준 등을 마련하여 적극 추진하고 있다.

복합환승센터,
한곳에서 모두 이어지다

국내에서는 2004년 고속철도 개통 이후 고속철도역 등 교통망의 지역 개발 파급효과가 지대함에 따라 교통 결절점을 대상으로 문화, 업무, 상업이 융합된 신성장 거점 조성의 필요성이 대두됨에 따라 2009년 6월 「국가통합교통체계효율화법」으로 전면 개정하면서 복합환승센터 개발을 위한 법적 근거를 마련했다.

구체적으로는 복합환승센터를 중심으로 교통수단 간 연계환승 체계를 강화하고, 고밀도 복합개발을 통해 지역발전을 도모하고자 복합환승센터 개념을 도입했고, 2010년 '복합환승센터 개발 기본계획'을 최초로 수립했다.

복합환승센터란 열차, 항공기, 선박, 지하철, 버스, 택시, 승용차 등 교통수단 간의 원활한 연계교통 및 환승활동과 상업, 업무 등 사회경제적 활동을 복합적으로 지원하기 위해 환승시설 및 환승지원시설이 상호 연계성을 가지고 한 장소에 모여 있는 시설로서 다음 각 항목의 어느 하나에 해당하는 것을 말한다.

국가기간복합환승센터	국가기간교통망 구축을 위한 권역 간 대용량 환승교통의 효율적인 처리와 상업, 문화, 주거, 숙박 등 지원기능을 복합적으로 수행
광역복합환승센터	주로 권역 내의 환승교통 처리와 상업, 문화, 주거, 숙박 등 지원기능을 복합적으로 수행
일반복합환승센터	그 외에 지역 내의 환승교통 처리를 주된 기능으로 수행

교통수단 간 환승 연계하면서 복합 지역개발

복합환승센터는 교통수단 간 연계와 환승체계를 개선해 교통네트워크 효율성과 이용자의 편리성을 향상시키고 지역 복합 커뮤니티 공간을 조성하는 등 복합환승센터 개발을 목적으로 한다. 인근 지역의 개발과 조화를 이루는 입체적 도시공간 형성을 도모해야 하며, 지역적 특성을 고려해 각 교통수단을 연계하는 데 도심, 부도심, 시계유출입 등 기타 지역의 차별화된 개발을 추진해야 한다.

복합환승센터 개발을 통해 환경 친화적인 녹색교통체계가 구축될 수 있도록 토지이용과 대중교통·자전거·보행 중심의 연계교통체계를 정비하고, 복합환승센터 주변의 도시정비 방안이 수립될 수 있도록 한다.

일본 JR 신주쿠역의 역세권 복합개발
Times Squre

복합환승센터 설계기준,
환승시설의 종류는 무엇인가

복합환승센터 개발 절차

국가기간 또는 광역 복합환승센터는 주 교통수단의 종류와 그에 따른 교통시설, 교통수요, 입지여건 특성을 종합적으로 판단해 지정해야 한다. 이 경우 복합환승센터 유형별 지정기준은 복합환승센터 개발계획 수립지침(2016. 7) 제7조에 따르고, 복합환승센터 유형별 지정절차는 최종적으로 관계부처 및 지자체 협의 또는 국가교통위원회의 심의 등을 거쳐 결정한다.

복합환승센터 개발방식은 크게 고시사업, 공모사업, 제안사업의 세 가지로 나뉘며, 개발절차는 복합환승센터 개발계획 수립, 복합환승센터 및 사업시행자 지정, 복합환승센터 개발 실시계획 수립 과정을 거쳐 추진한다.[40]

재원조달의 경우 민간투자자 등 사업시행자 부담 원칙에 따라 복합환승센터는 환승시설인 공공교통시설 및 환승지원시설인 민간투자시설로 구성된 복합시설로, 중앙정부와 지자체, 민간사업자의 재원분담이 필요하다.

복합환승센터 설치 재원은 상업성을 전제로 민간사업자가 전액 투자하고, 중앙정부 및 지자체는 복합환승센터의 교통수단 간 연계, 접근성

---

40) 국토교통부(2016. 7), 복합환승센터 개발계획 수립지침, 국토교통부(2015.12), 환승센터 및 복합환승센터 설계·배치기준.

강화를 위해 주변 기반시설 정비 예산을 지원한다. 참고로, 동대구역 복합환승센터 개발사업의 경우 전액 민자, 주변 기반시설 정비는 국비 30%, 지방비 30%, 민자 40%로 한다. 국가통합교통체계효율화법에 따라 환승시설 설치비의 70%는 국가기간, 50%는 광역 범위에서 지원 가능하다(총 사업비의 10% 이내).

복합환승센터 설계기준과 시스템

환승센터 및 복합환승센터에 입지한 연계교통수단의 승하차 시설 등 환승시설은 이용자가 편리하게 교통수단을 이용할 수 있도록 짧은 동선체계를 갖추고 주 교통수단과의 환승거리를 최소화해 서비스 수준을 높이며, 상호 연속성을 가질 수 있도록 효율적으로 배치해야 한다.

복합환승센터에 설치되는 환승시설은 교통수단 간 환승에 직접 관련되는 보행이동시설, 환승편의시설, 연계교통시설 및 정보안내시설로 구성된다. 각 시설의 설계기준은 국토교통부(2015.12), 환승센터 및 복합환승센터 설계·배치기준에 따른다.

환승시설 종류

· 보행이동시설	계단, 출입구, 보행통로, 에스컬레이터, 엘리베이터, 무빙워크 등
· 환승편의시설	매표소, 자동발매기, 개찰구, 대합실, 화장실 등
· 연계교통시설	철도승강장, 버스정차대, 버스승객 대기공간, 택시승강장, 환승주차장, 배웅주차장, 자전거보관소 등
· 정보안내시설	가변정보판, 안내정보판, LCD안내판, 키오스크, 환승정보지원시스템 등

자료 : 국토교통부, 복합환승센터 개발계획 수립지침, 2016. 7.

스트라스부르 중앙역은
파리와 취리히, 독일간 TGV와 ICE, 지역 간 철도 TER이 운행되며,
P&R 주차장, 트램, 버스 등과 환승 연계된다.
모던한 캐노피 복합 건축물(2007)로 연간 이용객은 2천만 명에 이른다.

복합환승센터 개발사업의
활성화를 열다

복합환승센터는 어떻게 추진되고 있는가

정부는 복합환승센터 개발 사업을 선도하기 위해 「국가통합교통체계효율화법」 제71조와 시행령 제66조에 따라 복합환승센터 개발 시범사업을 시행하고자 지난 2010년 시범사업 8개소를 선정해 계획수립 비용 등을 지원·추진했다. 당시 시범사업은 8개소 역으로, 동대구역, 익산역, 울산역, 광주송정역, 부전역, 동래역, 대곡역, 남춘천역이다.

복합환승센터 시범사업 대상지 8곳 가운데 남춘천역은 사업 포기를 했고, 동대구역과 동래역이 복합환승센터로 지정, 고시되어 처음으로 동대구역 복합환승센터가 2016년 12월 준공했다.

울산광역시는 울산역사 앞 부지 7만 5,480.3㎡, 연면적 18만 1,969.85㎡, 지하 1층과 지상 7층, 주차대수 3,135면 규모로 울산역 광역복합환승센터를 롯데울산개발에서 건립 중에 있다.

한편 광역환승센터 구축사업의 경우 「대도시권 광역교통관리에 관한 특별법」 제3조의2를 근거로 추진하고 있으며, 2016년 3월 기준 도봉산역, 개화역, 부산역, 송내역 환승센터가 구축되어 현재 운영 중에 있다.

복합환승센터 개발 기본계획은 국가통합교통체계효율화법에 의거해 5년 단위로 수립되는 국가계획으로, 제1차 종료에 따라 2016년부터 2020년까지의 제2차 계획은 지난 시범사업과 신규 사업을 포함해 환승센터 및 복합환승센터 개발사업의 활성화를 위한 제도개선 방안을 마

련하고, TOD 방식의 정착화를 위해 수립되었다.[41]

　본 계획에서는 복합환승센터를 중심으로 전국 대도시권의 철도와 버스, 항공의 교통거점 21곳을 연계해 국가 및 광역 교통망을 구축하기 위해 지방 대도시권과 수도권의 각 지점을 검토했다. 지방 대도시권은 오송역, 유성터미널, 서대구역, 노포역, 목포역, 제주국제공항 등이며, 수도권 검토지점은 GTX 킨텍스역, 행신역, 수색역(DMC), 복정역, 수서역, 삼성역(봉은사역), 사당역, 서울시청역, 동탄역, 지제역 등이다.

　특히 내륙지방은 KTX역 등 철도역과 여객자동차터미널 거점, 제주도는 지역적 특성을 감안해 공항거점을 복합환승센터 개발사업 후보지로 제시했다.

국내 최초로 건립된 동대구복합환승센터

국내에서 처음으로 복합환승센터 시범사업으로 추진된 동대구복합환승센터[12]는 대구광역시 동구 신천동 329-3번지 일원인 동대구역 남측에 위치하고, 경부선 동대구역 인근에 있던 각 동대구고속버스터미널 4곳과 시외버스터미널인 대구동부정류장과 대구남부정류장을 모두 통합해 건립되었다.

　사업규모는 면적 36,1881㎡, 연면적 275,252㎡으로 지하 7층, 지상 9층이며, 주차장은 연면적 62,511㎡로 지하 1층, 지상 7층이다. 용도는 버스터미널과 주차장, 신세계백화점의 판매 문화시설 등이고, 사업비는

---

41) 국토교통부(2016. 7), 복합환승센터 개발 기본계획(2016~2020).
42) 동대구역 광역복합환승센터 지정 승인(국토교통부, 2012. 8. 3.), 동대구역 복합환승센터 기반시설 조성비 40억 원 지원 (국토교통부 → 대구시, 2014)

민자 7,590억 원, 사업기간은 2010년 11월부터 2016년 12월이다.

시외 및 고속버스 승차장은 3층과 4층에 걸쳐 복층으로 되어 있으며, 하차장은 1층에 있다. 신세계그룹 계열사인 신세계동대구복합환승센터가 소유하고, 코리아와이드터미널에서 운영하고 있다.

울산역 복합환승센터와 KTX 역세권 복합특화단지

KTX울산역 광역복합환승센터는 시행자 롯데울산개발이 부지면적 75,480㎡, 환승시설과 환승지원시설의 6층규모로 올해 착공해 2022년 완공예정이다. 한편 울산역 복합환승센터와 연계한 역세권 배후지역을 산업, 연구, 교육, 정주기능의 KTX 역세권 복합특화단지 조성사업을 본격적으로 추진한다고 발표하였다(2019.9)

동대구역 복합환승센터(2016. 12. 개장)

강남권 대중교통 중심이 될 영동대로 광역복합환승센터

강남권 광역복합환승센터[43]는 영동대로 지하공간 복합개발사업의 일환으로 국토교통부와 서울시가 영동대로 삼성역부터 봉은사역까지 630m 구간에 수도권 광역급행철도(GTX-A/C), 위례신사의 도시철도, 2호선과 9호선의 지하철 및 버스와 택시 등 환승을 위해 공동 추진 중인 사업이다.

영동대로 지하공간 복합개발의 사업 위치는 2호선 삼성역 사거리에서 9호선 봉은사역인 코엑스 사거리 구간, 주요 시설은 철도통합역사, 버스환승정류장, 주차장, 시민 편의공간 등이며, 사업규모는 지하 6층, 약 16만㎡로 복합환승센터 630m, 철도본선 370m이다.

지난 2015년 11월 국토교통부와 서울시는 영동대로 지하 5개 철도사업 통합추진을 결정했고 2017년 10월 국제설계공모 당선작을 발표했다. 최근 2019년 6월 국토교통부 강남권 광역복합환승센터 지정이 승인됨에 따라 서울시는 광역복합환승센터 지정고시, 기본설계, 개발실시계획 승인 등을 거쳐 오는 2019년 12월에 착공할 계획이다.

2023년 12월 준공을 목표로 사업추진 중에 있으며, 영동대로 복합환승센터는 사업 완료 시 서울시가 코엑스~잠실운동장 일대에 조성을 추진 중인 서울국제교류복합지구(SID, Seoul International District) 199만㎡에 들어서는 강남권 최대 대중교통의 허브 역할을 수행할 것으로 기대된다.

---

43) 서울특별시 웹사이트, https://newsearch.seoul.go.kr

복합환승센터,
해외에서 더욱 각광받다

고쿠라역(小倉駅) 교통센터, 모노레일을 연장 건물 내 설치

기타규슈 시(北九州市)는 규슈 최북단 후쿠오카 현에 위치하고 면적 491.95㎢, 인구 100만 명으로. 1963년 규슈에서 처음으로 현청 소재지가 아닌 고쿠라를 중심으로 5개 시가 신설 합병된 정령지정(政令指定) 도시다. 도시구조는 도심 고쿠라 철도역을 중심으로 상점가 우오마치긴텐가이(魚町銀天街)를 비롯해 남북으로 모노레일을 따라 길게 도시축이 형성되어 있다. 특히 1990년대부터 시작된 무라사키강(紫川) '마이 타운 마이 리버(My Town My River)' 사업으로 주변 시가지가 일체 정비되면서 2007년 일본의 아름다운 거리 대상을 수상한 바 있는 매력적인 수변도시다.

고쿠라역은 혼슈와 규슈의 철도를 잇는 규슈 최대 규모를 자랑하는 결절기능의 철도역으로, 1998년 일본에서 처음으로 신칸센(山陽·九州新幹線), 가고시마 본선(鹿児島本線), 닛포 본선(日豊本線) 등 JR 재래철도와 곧바로 환승할 수 있도록 모노레일을 연장해 출발역을 터미널역사 건물 내에 설치한 사례로 유명하다.

고쿠라역 콘코스는 역 빌딩의 3층과 4층 부분으로 이곳에 모노레일 탑승구가 설치되어 있어서 JR규슈 재래선과 신칸센의 개찰구에서 곧바로 연결되어 있다. 고쿠라 모노레일은 1985년 개통했고, 고쿠라역에서 가쿠가오카(企救丘駅)까지 도심부를 남북으로 노선연장 8.8km, 13개 역을 운행하고 있다.

고쿠라역 남쪽 출구 버스센터에는 8개 버스승강장, 택시정류장, 대여주차장이 있으며, 보행자 접근공간은 엘리베이터, 에스컬레이터와 연결되는 2층에 보행자 데크(Pedestrian deck)가 설치되어 있다. 일본 환경모델도시답게 고쿠라역 주변을 상징적 공간으로 만들기 위해 북측에 아사노 시오카제 공원을 크게 조성했고, 보행자 데크 지붕에 태양광 패널을 설치했다.

고쿠라역 관련 사업자를 살펴보면 건물은 JR 규슈가 출자한 고쿠라 터미널, 철도사업자는 신칸센, JR 규슈, 모노레일의 3개사, 버스사업자는 2개 회사다.[44] 이들을 구체적으로 살펴보면 JR서일본, 재래철도는 JR규슈, 모노레일은 기타큐슈 고속철도, 버스회사는 니시테츠 버스 기타큐슈 등이다. 환승센터 고쿠라역의 철도이용객은 2017년 기준 1일 56,000명 이상으로 후쿠오카의 하카다역 다음으로 이용객이 많은 것으로 나타났다.

환승센터 빌딩은 지상 14층과 지하 3층의 건물 구조로, 2층에 재래선 홈이 있고, 4층에 신칸센 홈과 모노레일 홈이 있다. 역 건물 3층과 4층 일부는 뚫려 있고, 자유통로와 모노레일 고쿠라역이 배치되어 있다.

---

44) 신칸센은 西日本旅客鉄道(JR西日本), 재래철도는 九州旅客鉄道(JR九州), 모노레일은 北九州高速鉄道(北九州モノレール, 버스회사는 西鉄バス北九州, 北九州市営バス

고쿠라역 남측 광장 버스센터 연결 및 보행자 데크

고쿠라 JR 신칸센 역사 3층 콘코스에서 모노레일 탑승구와 바로 연결

도쿄 시나가와역 차세대형 복합터미널

시나가와역(品川駅)은 도쿄 미나토 구(港区)에 위치하고 신칸센(JR東日本), JR철도(JR東海), 일본화물철도(JR貨物), 케이큐 전철(京浜急行電鉄) 등이 운영하는 환승역이다. 역사는 서측으로부터 케이큐, 신칸센, JR철도로 크게 세 부문으로 나뉘어 있다. 서측에는 케이큐그룹의 복합 상업시설 윙 타카나와 이스트(Wing 高輪 EAST)가 있으며, 장거리버스의 시발점인 시나가와 버스터미널도 가까이 입지하고 있다.

신칸센(JR東日本)의 하루 평균 승차인원이 37만 8천 명, JR철도가 3만 6천 명, 게이큐 전철이 14만 1천 명 수준이다. 2017년 기준 1일 평균 승하차 인원은 약 110만 명을 넘어 이용객이 점차 증가하고 있다.

지난 2011년 6월 시나가와역은 JR 토카이(JR東海) 리니어 중앙 신칸센의 수도권 측 시발역으로 정식 발표되었고, 2016년 1월 역 건설공사를 착공해 2027년에 개통할 예정으로 공사가 진행 중이다.

또한 시나가와역 전면도로인 국도 15호선과 시나가와역 서쪽역 광장을 포함한 도로 지상공간을 활용한 미래형 역전 공간에 관한 정비 방침을 정하고, 현재 대규모 프로젝트인 '국도 15호 시나가와역 서쪽 출구 역전 광장 사업 계획(国道15号·品川駅西口駅前広場事業計画)'을 시행하고 있다.[45)

복합터미널은 최첨단 모빌리티 접속이 가능한 차세대 교통터미널을 배치하고, 민간의 개발계획과 연계해 교통과 방재를 융합한 복합터미널이다.

시나가와역
차세대 복합교통터미널 개념

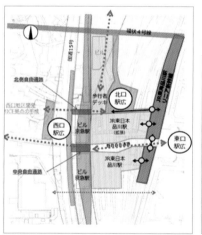
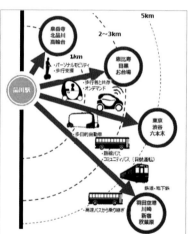

45) 国土交通省(2017.2), 国道15号·品川駅西口駅前広場の整備方針国道15号·品川駅西口駅前広場の整備方針.

개발 콘셉트는 센터 코어는 교통결절의 각 공간을 잇는 상징적인 공간을 형성하기 위해 센터에 배치하고, 코어의 남쪽에는 사람들이 모여 휴식하는 중심광장 공간과 상업시설을 배치해 방재 거점으로서도 활용할 계획이다.

차량 공유를 기본으로 한 차세대 모빌리티를 배치하고, 퍼스널 모빌리티 등을 활용해 주변 시설을 자유롭게 이동할 수 있도록 한다.

국도 15호 양측에는 버스정류장을 배치하고, 택시, 투어 고속버스, 차세대 모빌리티 등 환승이 편리한 노선버스 승강장과 새로운 역 방면으로 보행과 모빌리티의 충분한 통행공간을 확보한다. 특히 기존 모빌리티를 차세대 모빌리티로 대체해 리니어 철도, 하네다공항, 임해부(臨海部), 도심부 간의 접근을 강화한다. 그리고 시부야(渋谷)와 롯폰기(六本木)나 하네다 공항 등 비즈니스나 위락 목적의 이동은 다목적 자동차를 활용할 수 있도록 광역적 교통네트워크를 갖출 계획이다.

국도15호 시나가와역 서측역전광장 사업구상

자료 : 國土交通省 道路局企　課(2018년, 9월), 次世代型交通ターミナルの　現に向けて.

홍콩역의 도심공항터미널

홍콩역과 도심공항터미널

중국 남동부의 특별행정구 홍콩은 2018년 현재 인구 약 744만 명, 면적
은 1,108㎢로, 구룡, 신계, 홍콩섬을 포함한 236개 섬으로 이루어진, 해
외 여행객이 세계에서 가장 많이 찾는 '아시아의 국제도시(Asia's World
City)'다.

   인구 백만 명 이상을 기준으로 세계인구밀도 순위가 싱가포르 다음
인 홍콩은 초고층 건축물로 가장 수직적인 도시로 개발이 이루어졌고,
대중교통 중심의 개발(TOD)로 대중교통 분담율이 90%로 세계에서 가
장 높은 대중교통 이용률을 보이고 있다.

국제금융센터 IFC 쇼핑몰(1998년)

홍콩 지하철 MTR은 11개 노선에 연장 218.2㎞, 161개 역에 이른다. 특히 2복선의 환승역에서는 동일 홈에서 같은 방향 노선을 갈아탈 수 있어서 매우 편리하다. 홍콩공항 고속전철 AEL(Airport Express Line)은 홍콩 첵랍콕 공항에서 중심부 35.2㎞ 구간을 운행하고 있으며, 구룡역과 홍콩역의 도심공항터미널에서 인타운체크인(In-town Check-in)이 가능하다.

홍콩역은 구룡반도와 연결하는 공항철도와 MTR 통춘선(Tung Chungline)이 운행되고 있다. 환승시설은 건물 내에서 층별로 수직으로 이동할 수 있는데, 지상 레벨은 도심공항터미널 체크인 카운터다.

국제금융센터 IFC 쇼핑몰과 연결되고, 보행 데크를 통해 주변 상업 및 업무 빌딩 등으로 접근할 수 있다. 제2타워 2IFC는 2003년 완공된 연면적 185,805㎡, 지상 88층, 지하 6층으로 홍콩에서 두 번째로 높은 건물이다. 외부는 택시 하차장을 비롯해 AEL 승객은 홍콩섬 주요 호텔 등을 연결하는 무료셔틀버스를 이용할 수 있다.

보행자 중심과 입체교통시스템의 혁신, 파리 라데팡스

프랑스의 수도 파리는 북부 일 드 프랑스(Ile de France)의 중앙에 위치하고, 남북으로 약 9.5㎞, 동서로 11㎞로 면적은 105㎢로 크지 않다. 인구는 2019년 현재 214만 명이며, 일 드 프랑스는 1,221만 명에 이른다.

　미국 싱크탱크(Think Tank)가 2017년 발표한 비즈니스, 인재, 문화, 정치 등 세계도시 순위에서 런던, 뉴욕에 이어 파리는 세계 3위 도시다. 다국적기업의 본사와 자본시장의 규모 등 사업 분야에서도 유럽 최고이고, 세계 500대 기업의 본사 수는 뉴욕과 런던을 앞지르고 있다. 아울러 파리는 2016년 마스터카드 항공편 취항 세계 도시 순위에서 18.0백만 명으로 방콕과 런던에 이어 3위로 조사되는 등 세계 최고의 관광도시다.

프랑스 혁명 200주년 기념, 라데팡스 그랑드 아르슈(Grand Arche)

이처럼 파리의 지역경제 활성화에 한몫을 하고 있는 것이 파리와 일드 프랑스의 효율적인 광역교통체계로 볼 수 있다. 특히 일 드 프랑스 각 자치단체의 교통업무를 통합해 교통서비스 운영, 대중교통 개선, 재원조달 및 운영(교통세) 등에 관한 일체의 행정을 담당하는 광역교통 행정기구(STIF)가 오래 전부터 중요한 역할을 해왔다.

광역전철(RER, Regional Express Railway)은 파리 외곽지역과 도심을 급행으로 연결하는 A, B, C, D, E의 5개 노선이 있다. 파리교통공단(RATP)은 버스, 트램(노면전차), 메트로 1~14, RER A와 B를 운영하고, RER C부터 E 노선은 프랑스국철(SNCF)이 운영하고 있다.

지하철(Mettro)은 16개 노선, 연장 220㎞에 303개 정류장을 운영하고 있으며, RER와 국철 SNCF역과도 연계되어 지하철은 파리에서 이동하는 데 가장 빠르고 편리한 교통수단이 되고 있다.

파리 중심부를 둘러싼 환상선상으로 트램 노선이 부활하기 시작하면서 현재 9개 트램 노선, 186개 역을 운행 중에 있다. 그 외에도 중앙버스전용차로를 점차 확대시켜나감으로써 철도와 버스 간의 연계환승 대중교통체계를 구축해가고 있다.

라데팡스(La Defense)는 파리의 도심 샹젤리제 거리로 이어지는 역사적 중심축 루브르 박물관에서 10㎞ 떨어진 일 드 프랑스 지역에 조성한 파리의 부도심이다. 1958년부터 정부와 자치단체로 구성된 라데팡스개발공사(EPAD, The Public Establishment for Installation of La Défense)가 장기 개발구상으로 시작했고 1990년대 대부분의 공사를 마무리했다.

라데팡스는 564ha 부지에 첨단업무, 상업, 판매, 주거시설 등이 고층 및 고밀도로 복합 개발되어, 현재 500개가 넘는 기업과 종사자 18만 명, 학생 45,000명, 인구 42,000명이 거주하고 있다.

라데팡스는 RER, 메트로, 트램과 버스터미널 등을 지하에 복합역사로 개방

라데팡스의 철도서비스는 메트로 1호선, RER A선, 트램 2호선 등과 환승연계

라데팡스 환승센터는 RATP가 설계해 철도역과 터미널, 주차장, 일반도로 등 대부분의 교통시설은 지하입체 교통처리시스템이 구축되어 있다. 특히 그랑아쉬(Grande Arche), 르 파르비(le Parvis) 광장 등 지상 보행전용공간만 31만m²에 이르러 세계적으로 유명하다.

철도는 파리 시내와 연결되는 RER A노선, 메트로 1호선, 국철(SNCF), 트램(T2)과 버스터미널 등을 복합역사에 모아 다층구조로 개발해 대중교통수단 간 환승거리를 최소화했고, 승용차와 대중교통수단 간의 환승을 위한 환승주차장 시설도 잘 갖추고 있다.

라데팡스(La Défense)
배치도 및 버스터미널,
철도역 안내도

www.ladefense.fr

라데팡스 지구 전체 배치도 및
안내 전광판

세계적인 철도 역사규모를 자랑하는
베를린 중앙역, 복합환승센터

베를린 중앙역 환승센터, 유럽 최대 철도 입체 교차역

독일의 수도 베를린(Berlin)은 면적 891.1㎢, 2018년 기준 인구 3,748천
명으로 EU 도시들 중 런던 다음으로 가장 많고, 문화·정치·미디어·과
학 분야의 세계적인 도시로서 급행전철(S-bahn), 지하철(U-bahn), 트램,
버스 등 철도 중심의 대중교통수단이 잘 정비되어 있다. 이런 배경에는
도시 재정비와 더불어 독일철도, 주와 연방정부는 베를린-브란덴브루

크의 철도 인프라에 대규모로 투자하면서, 장거리노선은 베를린으로로부터 국내의 주요 도시와 그 외 주변 인접국을 연결해 여객 수송은 현재에도 톱 레벨을 지키면서 유럽 철도교통의 요충지로 발전했다.

베를린 주 교통수단은 S-bahn과 U-bahn이며, 이 시스템의 하루 전체 수송인원은 273만 명에 달한다. 운행 현황을 살펴보면 S-bahn은 16개 노선, 노선연장 331㎞, U-bahn은 10개 노선, 노선연장 146㎞이다.

베를린 중앙역 북측 게이트,
광장을 나서면 버스와 트램 정류장과 바로 연계된다.

노면전차인 트램의 경우 서베를린 지역에서는 거의 폐지되어 동베를린밖에 남아 있지 않았지만, 트램 일부 노선을 복구하거나 연장해 트램은 22개 노선과 연장 194km를 갖춰 독일 최대의 트램 노선망을 자랑하고 있다. 버스는 평일 198개 노선(야간 62노선)으로 1일 승객수는 2017년 기준 120.5만 명에 이른다.

베를린 중앙역(Berlin Hauptbahnhof)은 2006년 FIFA 월드컵 개최에 맞춰 개업한 유럽 최대의 입체 교차형 철도역이다. 독일철도에 의해 함부르크나 뮌헨, 쾰른, 프랑크푸르트 등을 연결하고, 유럽 인접국가인 빈, 프라하, 취리히, 바르샤바, 부다페스트, 암스테르담 등 주요 도시와는 고속열차 ICE(Inter City Express), IC(Intercity), EC(EuroCity) 등이 운행되고 있다. 독일과 주변 대부분 지역을 하루 1,800여 대의 열차를 통해 35만 명이 이용하고 있다.

특히 세계적인 철도 역사 규모를 자랑하는 베를린 중앙역은 메인 콘코스가 두 개 타워를 연결하고 약 44,000㎡ 복합상가를 갖춘 유럽에서 가장 근대적인 철도역 건축물이다. 철도역사는 5층으로 동서 방향의 철도노선은 지상 3층 10m 높이, 남북 방향은 2층 지하 15m에 있고, 동서 메인 플랫폼 길이는 321m의 아치형 글라스가 덮여 있는 지붕 모양으로 독일을 대표하는 환승센터역이다. [46]

46) 베를린 중앙역, https://www.bahnhof.de/bahnhof-en/bahnhoferleben/profiles_of_stations-3732928

11

간선급행버스(BRT)

Bus Rapid Transit

콜롬비아 보고타 역사지구
San Francisco 교회 앞을 주행하는
Trans Milenio

'간선급행버스체계'(BRT, Bus Rapid Transit)는 버스 전용차로, 편리한 환승시설, 교차로에서의 버스우선통행 등 급행으로 버스를 운행하는 교통체계다. 버스의 통행속도, 정시성, 수송능력 등 버스서비스를 도시철도 수준으로 대폭 향상시킨 대중교통시스템으로 이미 국내외에서 그 효과가 입증되었으며, 수도권 및 지방 대도시권의 주요 간선 축까지 지속적으로 확대·구축되고 있다.

간선급행버스, 새로운 길을 열다

원활한 교통체계를 위한 BRT

간선급행버스(BRT)는 대도시권에서 건설·운영하는 버스 전용주행로, 간선급행버스 교차로, 정류소 등 BRT시설과 전용차량을 갖추고 운영하는 교통체계를 말한다. 여기서 전용차량은 일반형 전용차량과 일반형 전용차량에 비해 수송능력, 승하차 방식, 동력발생장치 등이 기술적으로 개선된 신교통형 전용차량으로 구분한다.

　BRT는 범위에 따라 광역형과 도심형으로 나뉜다.[47] 광역형의 경우 도심부 외곽 또는 도심 내부에서의 환승시설과 한 군데 이상에서 연계하는 것을 원칙으로 한다.

47) 국토교통부(2017.12), 간선급행버스 체계 시설의 기술기준.

도심형의 경우 도시철도, 지역 간 버스와 철도 등 타 수단과 연계하거나 자전거도로 혹은 BRT 전용주행로의 대중교통 전용지구 연계체계를 구축하는 것을 권장한다.

기반시설 이용방식에 따라서는 전용형과 혼용형으로 분류한다. 여기서 전용형은 해당 시스템 내에서만 노선을 운행하도록 하는 것을 의미한다. 따라서 차량과 주행로, 그리고 정류장이 하나의 단일 시스템을 형성하며 시스템에 포함되지 않은 일반버스는 진출입이 불가능하고, 경전철에 준하는 이동편의 교통서비스를 제공한다.

혼용형은 특정 축의 일부 구간에 대한 높은 이동성과 수송능력을 갖춘 인프라를 구축하고 이 구간의 전부 또는 일부를 기준 또는 새로운 버스노선이 운행하도록 하는 시스템이다.

2018년 11월 '간선급행버스 체계의 건설 및 운영에 관한 특별법' 제4조에 따라 대도시권에 효율적인 간선급행버스 시스템을 건설하기 위해 10년 단위의 'BRT 종합계획'[48]을 수립·고시함으로써 광역권 중 BRT 축이 운영되지 않는 권역을 대상으로 신규 사업을 추진해 전국적인 확산이 기대된다.

한편, 전용 주행로·폐쇄형 정류장 등 시설을 모두 갖춘 형태로 기술기준의 '가'급 수준인 전용형, 전용 주행로·폐쇄형 정류장·입체교차로 등 시설을 일부 갖춰 기본형보다 높은 기술 기준의 '나'급 수준인 고급형, 그 외 기술 기준의 '다'급 수준인 기본형으로 구분하고 있다.

48) 국토교통부(2018.11), 간선급행버스체계(BRT) 종합계획 2018~2027.

고품질 대중교통서비스를 위해 도입

국내 버스정책이 2004년 말부터 시설·차량·환승·운영서비스 등으로 전환하기 시작하면서, 기존 도로를 효율적으로 활용하기 위한 체계적인 교통관리 체계가 요구되었다. 이를 배경으로 단기간, 저비용, 고효율적인 BRT 시스템이 서울시 버스노선 개편과 함께 전면적으로 도입되었다.

기존 버스운행의 교통체계에서 버스운영상 나타난 문제점 중 운행속도, 정시성, 수송능력, 쾌적성, 승하차, 공사기간 등을 개선하고, 킬로미터당 건설비에 지하철 405~2,027억 원, 경전철 100~963억 원 대비 BRT는 2~44억 원으로 저비용 고효율 효과를 얻을 수 있다.

그리고 교통문제를 해소하고, 고유가시대에 에너지절감 등 효율적인 교통수단인 BRT 시스템이 고품질의 대중교통서비스를 제공할 수 있기 때문에 이용을 보다 활성화할 수 있다.

굴절 트롤리버스(Articulated Trolleybus)

BRT 시설의
기술기준은 무엇인가

지속가능한 도시의 다양한 평가가 반영된 BRT

BRT는 다양한 교통시설, 서비스, 기술이 결합된 혁신적인 대중교통 시스템으로, 국내에서는「간선급행버스 체계의 건설 및 운영에 관한 특별법」을 제정해 설치기준을 새롭게 제시한 바 있다. 여기서 BRT 체계시설은 중앙버스전용차로 설치 외에도 교차로처리, 환승시설, 정류장 형태, 차고지, 버스운행관리(BMS), 버스정보안내시스템(BIS), 전용차량 등 다양한 구성 요소에 대한 설치기준을 제시하고 있다.

버스전용차로 노선연장 외에도 노선계획, 정류장 추월차로 설치, 정류장 간격, 요금 지불 시스템, 교차로 신호 처리방법, 포장상태 및 운행감점 등 다양한 항목을 평가해 BRT 수준을 정하고 있다. 세계 도시별 스탠다드 BRT 평가 결과에 따라 85점 이상 골드, 70~84.9점은 실버, 55~69.9점은 브론즈, 그 밖은 베이직으로 한다.

BRT 버스전용차로 노선 형태 예시

자료 : ITDP et al. (2016), The BRT Standard.

모두가 안전한 BRT 주행로를 위하여

각 BRT 체계의 주행로 연장은 3km 이상이어야 한다. 주행로는 전용도로와 전용차로로 구분되며, BRT 차량만이 운행할 수 있는 전용 주행로로 구성함을 원칙으로 한다.

전용차로의 구분은 차선부에 물리적인 분리대를 설치하거나, 차선을 이용한 분리 표시를 하거나, 전용차로에 유색포장을 하는 등의 다양한 방식 중에서 현장 여건 등을 고려해 적절한 방식을 적용한다. 특히 전용차로의 경우에는 물리적인 분리대 설치를 원칙으로 한다.

차로의 폭은 BRT 차량의 주행 시에 주행안전성을 확보할 수 있는 폭이어야 하며, 해당 차량의 폭에 좌우 안전폭을 합한 값으로 결정된다. 차로의 최소 좌우 안전 폭으로 25~50cm를 적용하며, 해당 주행로의 차로 폭은 다음의 값 이상으로 한다.

BRT 주행로의 차로폭

도로 구분	설계속도(km/h)	지방 차로폭(m)	도시 차로폭(m)
고속도로	100 이상	3.60	3.60
일반도로	80 이상	3.50	3.50
	60 이상	3.50	3.25

자료 : 국토교통부(2017.12), 간선급행버스 체계 시설의 기술기준

BRT 정류장은 BRT 이용자의 신속한 승하차가 가능하고 안전하고 쾌적하며 편리한 서비스를 제공할 수 있도록 물리적 공간, 승하차시설, 안내시설, 기타 편의시설 등을 갖춰야 한다.

BRT 정류장 설치기준

교통약자 이동편의시설	시각장애인/휠체어 사용자 동선 분리, 점자블록 설치, 점자와 음성안내가 제공되는 정보안내표지 설치, 턱 낮추기 등
정보안내시설	도착 예정인 버스의 위치 및 도착 예정시간 실시간 안내
정류장 디자인	해당 노선의 독자성을 표현할 수 있는 정류장 디자인 적용
조명시설	정류장 내의 이용객의 시인성 확보를 위한 조명 설치

자료 : 국토교통부(2017.12), 강원급행버스 체계시설의 기술기준

개방형 승강장의 권장 최소 유효폭은 한 사람이 차지하는 폭을 0.75m로 하고, 4명 기준으로 3.0m로 한다. 승강장의 길이는 동시도착 대수 및 여유길이, 횡단보도와의 연계, 요금징수 방식 등을 고려해 산정한다. 승강장은 첨두시 기준 0.54㎡/인 이상의 공간을 확보하고 승객이 대기하는 유효폭은 3.0m 이상으로 하는 것을 권장한다.

정류장 형식은 외부분리 형태에 따라 개방형, 반개방형, 폐쇄형으로 구분하고, 승강장의 최소 폭은 5.0m 이상을 기준으로 한다.

BRT 연계교통수단에 맞는 환승시설이어야

BRT의 환승 유형은 연계교통 수단에 따라 크게 BRT와 철도, 버스 등 대중교통수단 간 환승, BRT와 개인교통수단 간 환승으로 구분한다. 그리고 환승 유형에 따라 다양한 환승시설이 필요하다. 대중교통수단과 환승의 경우 주로 보행이동시설이 요구되는 반면, 개인교통수단과 환승의 경우 주차장, 자전거보관소 등 주정차 시설이 필요하다.

BRT 환승시설은 환승이용객의 규모, 환승유형, 환승필요시설의 배

치형태 등에 따라 크게 환승정류장, 환승센터, 복합환승센터로 구분한다. 세부 사항은 '환승센터 및 복합환승센터 설계·배치 기준' 및 관련 기준 내용을 준용한다.

BRT 시스템도 친환경 대용량 차량으로

이제 전 세계적으로 BRT 시스템도 점차 친환경 차량으로 교체되고 있다. 국내에서도 처음으로 세종시가 지난해 말 현대자동차의 전기·굴절버스(Articulated bus) 일렉시티 4대를 시작으로 오는 2021년까지 매년 4대씩 총 12대를 도입 운행할 계획이다.

세계 최초 도입된 수소버스 BRT 프랑스 Pau

운영관리시스템으로 여는 BRT

BRT 운영센터는 기본적으로 운행관리시스템인 BMS(Bus Management System), 정보안내시스템인 BIS(Bus Information System)를 구축해 BRT 차량의 운행 및 기반시설을 관리하고 BRT 차량의 위치, 도착상황에 대한 정보를 이용자에게 실시간으로 제공할 수 있어야 한다.

BRT 차량 및 기반시설의 실시간 운영 및 관리의 주요 목표 중 하나인 운행의 정시성 확보는 BMS를 통해 이루어지는데, 이 시스템은 각 차량으로부터 수집된 실시간 운행 데이터를 미리 계획된 일정 및 기타 변수들과 비교해 계획보다 늦거나 빠른 경우에 해당 차량이 원래 일정대로 운행할 수 있도록 운전자와의 교신을 통해 차량의 속도를 조절하거나 교차로에서의 신호 제어 등을 통해 조정하는 것이다.

BRT 운영센터는 운영 및 관리, 사용자 서비스와 관련된 각종 정보의 수집, 처리 및 관리, 제어 전략에 따른 BRT 체계의 효율적인 운영과 관련된 제반 업무를 전담하는 곳으로 BRT를 도입할 때부터 검토되어야 한다.

BRT 운영센터의 기능

운영 및 관리	운영센터는 기본적으로 운행관리시스템과 정보안내시스템을 구축해 BRT 차량의 운행 및 기반시설을 관리하고 BRT 차량의 위치, 도착상황에 대한 정보를 이용자에게 실시간으로 제공
각종 정보의 수집	승객 수요 등을 감안해 운행 계획을 변경하거나 재조정할 수 있도록 승객수송실적, 운행과 관련된 각종 기초자료 등을 확보·관리
처리 및 관리	BRT 운행과 관련된 정보의 원활한 통신, 단속시스템, 긴급상황 및 돌발상황 조치, 유관기관과 BRT 서비스와 관련된 각종 정보를 연계

버스운행관리시스템인 BMS의 경우 BRT 체계의 정시성, 안전성, 편의성을 증대할 수 있도록 BRT의 규모, 서비스 수준 등에 따른 적절한 시스템을 갖춰야 한다. BRT 운행관리를 위해 필요한 제반 정보를 수집하고 적절히 가공할 수 있어야 하며, 이와 같은 정보를 이용해 합리적인 운행관리가 가능해야 한다.

BRT 운행관리에 필요한 제반정보를 신속하고 정확하게 검지할 수 있는 검지시스템과 운영센터 등 수집된 정보를 운행관리를 담당하는 장소에 원활히 전달할 수 있는 통신시스템을 구축해야 한다.

BRT 운행관리를 위해 필요한 제반 정보

차량 위치, 속도, 고장 또는 중대한 차량손상 등의 상태, 서비스
정류장별 도착시간, 출발시간, 차량별 승차인원
돌발상황, 사고, 공사 정보, 운전자가 운전을 할 수 없는 긴급상황
차량 주행거리, 차량 주행시간, 차량 운행횟수, 운전자 운전시간 등

또한 버스정보안내시스템인 BIS는 BRT의 운행과 관련된 각종 정보를 정류장 대기승객, 차내 승객 등 이용자에게 전달하는 시스템으로서 차내·외 안내전광판, 휴대전화나 개인휴대단말기 등의 매체를 통해 노선 이용시간, 타 대중교통수단으로의 환승, 도착예정시간, 사고 등 긴급 및 돌발 상황에 대한 정보를 전달해 BRT 이용자의 이용 편의를 높이는 것을 주요 목적으로 한다.

외국 도시에 비해 앞서가는 우리나라의 BRT

우리나라는 2004년 7월 서울시 대중교통체계 개편과 함께 대중교통 서비스 향상을 도모하고자 중앙버스전용차로를 도입했다. 2004년 4개 구간 36.1km 연장의 중앙버스전용차로 설치를 시작으로 지속적인 노선확장 노력 결과 2018년 기준 총 12개 구간 106.6km로 확대했다. [49]

글로벌 BRT 데이터[50]에 따르면 서울 BRT는 외국의 도시들과 비교해도 연장이 길고 매우 높은 수준의 수요를 보이고 있다. BRT 일일 수요가 집계된 162개 도시 중 서울은 세계 5위 수준으로 나타났다.

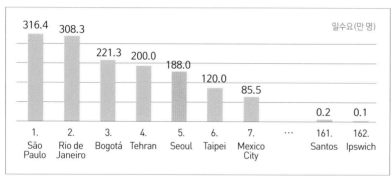

서울시
간선급행버스시스템
해외 도시와 비교·평가

자료 : 고준호, 서울시 간선급행버스시스템 해외 도시와 비교·평가, 서울연구원, 2015.6

그 외 '대도시권 광역교통기본계획' BRT사업에 반영된 천호~하남은 2011년, 청라~화곡은 2013년, 세종~대전은 2016년 개통되어 오송까지 운행되고 있다.

49) 국토교통부(2018.11), 간선급행버스체계(BRT) 종합계획(2018-2027).

50) https://brtdata.org

세계적으로 일찍이 도입한 BRT, 버스 중심의 교통체계로 자리잡아

시대에 맞게 변화한 브라질 쿠리치바의 BRT

쿠리치바는 1950년경까지 트램이 있었지만 갈수록 심화되는 도심의 교통체증으로 폐지되었고, 그 당시 궤도계 시스템을 도입하지 않은 이유는 재정적으로 어려웠기 때문이다. 그리고 버스 중심의 교통체계를 확립하려고 했던 것은 1970년 전후 세계은행 재정 지원이 개발도상국 도시의 경우 버스시스템 개선을 강하게 추천했고, 시에서도 버스전용차선과 튜브형 버스정류장과 대용량 버스를 이용하더라도 1시간당 약 1만 5,000명까지 수송할 수 있다고 예상했기 때문이다.

교통부문의 마스터플랜에 의해 통합수송 네트워크(RIT, Integrated Transport Network)를 확립하고자 했으며, 도시축의 중앙 버스전용도로를 활용해 종래의 버스노선체계를 개편해왔다. 그리고 도심부의 트랜짓몰 버스전용도로나 역주행 버스차선 등 각종 버스우선정책을 적용했으며, 버스 수송의 위계도 정립했다.

쿠리치바의 BRT,
세계최초로 도입한 튜브형 버스정류장

간선버스는 시가지 중심에서 방사상 5개축의 노선으로 버스전용도로를 주행하며, 차량은 3연접 차량으로 버스 색깔은 빨강, 교외의 지역 간을 순환하는 그린색의 근교형 버스, 원칙적으로 2지점 간 버스터미널만을 정차하는 형태의 은색의 직행버스, 주로 인구밀도가 낮은 교외노선을 운행하는 오렌지색의 교외버스, 시 중심부에서 주로 방사형으로 이동하는 노란색의 지선버스 등 운행노선의 역할을 명확히 구분한 점이 특징이다.

보고타를 대표하는 BRT, 트랜스 밀레니오(Trans Milenio)

1988년 당시 보고타는 평균 통행시간 1시간 10분, 버스노선의 비효율성, 100만 대의 자동차보유율 19%로 95% 도로가 막힘, 70% 자동차 오염, 교통사고 위험을 잘 나타내고 있다.

이후 시장직선제로 바뀌고 점차 새로운 헌법의 제정으로 지금까지 없었던 시장 권한이 늘어나 세입과 투자를 늘려나가면서 빈곤층 대책과 사회 안정화시책 등이 추진되었다. 교통문제의 경우 1996년 일본국제협력기구(JICA)의 보고타 시 교통조사 연구에 의해 장래 교통수단은 버스 중심으로, 버스전용도로 및 자동차 겸용 통행방식에 의해 모든 차량 속도를 향상시킬 수 있도록 제안된 바 있다. 특히 당시 대중교통 공급과 구조개혁에 관한 명확한 플랜을 가진 엔리크 페냐로사(Enrique Peñalosa) 시장이 당선되면서 트랜스 밀레니오 BRT사업이 정부 지원과 보고타 시의 30% 투자로 본격적으로 추진했다.

트랜스 밀레니오는 2000년 12월 제1단계 성공적인 개통으로 보고타 도시 공간구조를 크게 변화시켰으며, 통행시간 32% 단축, 배기가스 40%, 교통사고 90%를 줄이는 효과를 거두고 있다. 처음 AV 카라카스

콜롬비아 보고타 BRT, 트랜스 밀레니오(2000년 12월 개통)

(Av. Caracas)와 카예 80(Calle 80)을 연결하는 총연장 41㎞의 버스전용도
로가 개통되었지만, 현재 9개 노선에 연장 84㎞, 1일 이용자 수는 160만
명에 이르러 아주 성공적으로 운행되고 있다.[51]

버스는 굴절버스로 정원은 160명이지만, 2007년 5월 270명을 수용할
수 있는 신형 2굴절을 도입해 총 1,027대가 운행 중에 있다. 현재 정류
장은 전체 114개 역(25역 공사 중)으로 폭 5m이며, 자동문 개폐장치와 실
시간 버스 도착안내시스템이 잘 갖춰져 있다. 특히 급행버스와 각 정류
장 경유 노선이 수많은 네트워크 형태로 서로 환승할 수 있으며, 항상
버스가 꽉 차서 운행되고 있다. 그리고 고속버스와 일반버스 외에도 그

51) http://www.transmilenio.gov.co

린색의 버스, 단말 피더노선이 정규노선과 1회 승차권(1,600페소, 8.5미국 달러)으로 연계되고 무료로 환승이 가능하다. 앞으로 카예 26(다운타운─웨스트(공항))과 또 다른 노선 카레라 10(다운타운─사우스)이 공사 중에 있다.

이와 같은 성공 배경에는 정부가 트랜스 밀레니오 회사(TransMilenio S.A.)에 버스운행 영업권을 모두 위임해 계획·감독·서비스의 강화를 할 수 있다는 점, 장기적인 계획 프로세스에 의해 트랜스 밀레니오라는 복잡한 프로젝트를 현실화할 수 있었고, 아울러 비전 있는 시장이 있었기 때문이다.

일본 나고야의 유토리토라인

나고야 시는 일본 3대 도시권의 하나인 주쿄권(中京圈)의 중심도시로서 인구 220만 명이 넘는 도시다. 대중교통사업의 경우 최초 1923년 노면전차(지하철, 1957년) 영업을 개시한 이래 오랜 기간 동안 시민생활과 도시 활동기반으로서 나고야 시의 발전을 지지해왔다. 현재 지하철은 6개 노선(89.1㎞), 나고야시영버스의 경우 일반계통, 기간버스, 도심순환버스, 심야버스, 가이드웨이버스, 지역순회버스 등 여러 버스계통별 노선망을 갖추고 있다. 특히 1985년 4월 일본에서는 처음으로 나고야에서 기간버스의 중앙버스전용차로가 선보였으며 신데키마치의 사쿠라도리 오츠·히키야마 구간(10.2㎞) 운행을 개시했다. 참고로 나고야 시는 서울시에서 2004년 대중교통체계 개편과 함께 중앙버스전용차로 설치를 위해 서울시 공무원들과 많은 기관 전문가들이 벤치마킹한 곳이다.

신데키마치선은 중앙 주행 방식 외에도 사쿠라도리 오츠·히키야마 구간 양방향에 칼라 포장의 버스전용차선이 설치되어 오전 7시부터 9시,

오후 5시부터 7시의 첨두시는 버스전용차선으로, 그 외 운행 시간대는 버스우선차선으로 운영하고 있다. 그리고 버스의 안전운행과 방향을 구별하기 위해 버스전용차선의 일부에서 칼라 포장의 색을 바꿔 표정속도 향상 등 실시 효과가 높은 것으로 나타났다.

한편, 일본 나고야에서 2001년 처음으로 도입된 가이드웨이 버스 유토리토라인(ゆとりーとライン)은 오조네(大曽根)부터 오바타로쿠지(小幡緑地)까지 전용궤도 6.5㎞ 구간, 9개 역을 최고운전속도 60㎞/h, 운전간격 첨두시 3~5분으로 운행하고 있다.

이 노선이 도입된 배경은 노선대 주변 택지개발로 통행량이 지속적으로 증가했으나 버스가 유일한 대중교통수단으로 교통정체가 심각한 지역이었다. 그렇지만 지하철을 건설하기에는 이용수요가 부족해 1986년부터 가이드웨이 버스시스템 도입을 결정했고, 1994년 나고야 가이드웨이 버스주식회사를 설립, 2001년 3월 운행을 개시했다.

시스템의 가장 큰 특징은 무엇보다도 '철도+버스'의 이점을 살린 듀얼모드로, 철도와 버스의 이점을 조합해 전용 고가도로는 차량의 안내장치에 의해 주행하고 일반도로에서는 일반 노선버스로 각 방면을 주행할 수 있다.

나고야 가이드웨이 버스

자료 : 나고야 유토리토라인, https://www.guideway.co.jp/summary

고가 전용궤도를 주행하므로 지상부 교통체증과 무관하게 운행스케 줄에 따라 정시·고속 운행이 가능하고, 차체의 안내 장치로 핸들 조작 없이 안전·쾌적 운전이 가능하다. 다만, 가이드웨이 버스는 고가 전용 궤도 구간에서는 궤도법의 적용을 받아 법규상 노면전차와 동일하므로 운전사는 무궤도전차 면허가 있어야 한다.

가이드웨이버스는 독일 에센(Essen)과 호주 애들레이드(Adelaide) 등에 서 운행되고 있다. 특히 철도와 버스의 중간수송력을 가지고 교통정체 구간에서는 고가전용궤도를 주행하고 교차점이 없기 때문에 자동차 교 통의 원활화에 의해 대기오염 등의 환경 부담이 경감됨으로써 도시 교 통문제를 해결할 수 있는 BRT 시스템의 대안이 될 수 있다.

케이프타운 BRT

2010 FIFA 월드컵 남아공을 계기로 케이프타운 시내 대중교통시스템은 2007년 Integrated Rapid Transit(IRT) 도입, BRT 서비스 MyCiTi가 처음 으로 운행되기 시작하였다. 이후 단계별로 확장되어 BRT는 36개 노선 에 이르고 1일 6만 명 이상이 이용한다.

케이프타운 BRT 서비스 MyCiTi

자카르타 BRT

인도네시아 자카르타에서는 동남아시아에서 처음으로 트란스자카르타 (Transjakarta) BRT를 2004년에 도입해 운영하고 있다. 현재 총 128개 노선에 운행거리는 230.9km로써 세계에서 가장 긴 BRT 노선망을 갖추고 있으며 메인 노선은 자카르타 남부 블록엠(Blok M)에서 자카르타 북부 꼬따(Kota) 역이다.

　버스 탑승 문이 승강장에 맞추어 높은 것이 특징이며, 1일 63만 명이 이용하고 있어 첨두시는 매우 혼잡하다. 최근 운영사인 PT Transportasi Jakarta는 주황색의 메트로트란스(Metrotrans)와 로얄트란스(Royaltrans)를 추가 확장하여 운행하고 있다.

트란스자카르타(Transjakarta) BRT
자료: www.shutterstock.com

아르헨티나 부에노스아이레스 누에베 데 홀리오 BRT 중앙버스전용차로

부에노스아이레스의 BRT

아르헨티나 부에노스아이레스의 경우 세계에서 폭이 가장 넓은 중심대로 누에베 데 홀리오에 2013년 획기적으로 BRT 중앙버스전용차로를 도입해 크게 주목받은 바 있다. 시내 가장 일반적인 이동수단은 콜렉티보(Colectivo)라고 불리는 버스가 150개 이상 노선이 운행되고 있는데, BRT Metrobus는 5개 노선 50.5km에 이르고 하루 100만 명이 이용하고 있다.

12

친환경 교통, 트램

Tram,
Light Rail Transit

프랑크푸르트 중앙역에서
구시가지로 이어지는
뮌쉐너 거리를 주행하는 트램

유럽 여러 도시에서 트램 르네상스라 할 정도로 많이 볼 수 있는 친환경교통시스템이지만 아쉽게도 국내에서는 아직 운행되고 있지 않다. 그렇지만 국토교통 R&D사업으로 개발된 세계 최대 용량의 배터리를 탑재한 무가선 트램이 주행할 날은 머지않은 것 같다. 최근 이슈화되고 있는 무가선 트램을 비롯해, 상호직결운행으로 철도의 접근성과 환승불편을 개선한 트램 트레인 등을 살펴본다.

친환경 교통으로
더욱 새로워지다

친환경교통으로 자리 잡은 트램

오래 전부터 유럽에서는 디자인적으로나 기술적으로 개량한 차세대 노면전차, 트램(Tram) 도입이 활발히 진행되어 왔다. 저상형 LRV(Light Rail Vehicle)의 경우 경량·소형화되었을 뿐 아니라 탄성차륜으로 소음이 저감되고 세련된 정류장과 트랜짓 몰을 조성하는 등 도시공간 이미지를 바꿔주고 있다.

트램의 특징을 살펴보자. 먼저, 최근 LRV의 저상차량은 교통약자와 휠체어 등이 이용하기 쉽고, 노상으로부터 차량의 단차가 적어 승강시간을 단축 표정속도를 향상시킬 수 있다. 또한 높은 홈을 설치할 필요가 없어서 건설비도 절감할 수 있다.

둘째, LRV는 환경을 배려하는 친환경 시스템이다. 전기방식을 사용하기 때문에 이산화탄소를 덜 배출하는 높은 환경성과 회생 브레이크 활용으로 에너지 소비량을 절감한다. 또한 시설 면에서 방진궤도로 인한 소음과 진동이 저감되고, 잔디 궤도에 의한 도시의 녹화, 방음효과, 열섬현상을 완화시키고 있다.

셋째, 기존 도로에 궤도를 부설할 수 있으므로 건설비용이 낮아지고 궤도 설치 위치와 형태(고가, 지하)에서 다양한 변화가 가능하다. 또한 높은 표정속도를 실현하기 위해 주행로 방식에서 전용궤도 혹은 일부 연석 등으로 차단하거나 트램 우선신호 등을 설치하는 등 자동차의 영향을 최소한 배제하기 위한 조치를 강구하고 있다.

마지막으로 승객수요에 다양하게 대처할 수 있으며, 시간대에 따라 편성차량을 달리해 시간당 최대 20,000명(2×250pas×40/hr)까지 수송할 수 있다.

베를린 트램은 세계에서 가장 오래된 노선망(1865년)을 갖고 있으며, 현재 베를린교통주식회사(BVG)에서 운행하는 9개 메트로 트램(Metro Tram)과 13개 노면전차(Straßenbahn) 총 22개 노선으로 운행거리는 193km에 이른다.

2019년 현재 노선도에 보듯이 2차 세계대전 분단이후 서베를린은 메트로와 버스중심 대중교통체계로 변환하여 대부분 트램운행을 중단하였지만 동베를린은 그대로 유지해 현재 동베를린 지역에 노선이 분포하고 있다.

잔디궤도를 주행하는 저상형 트램

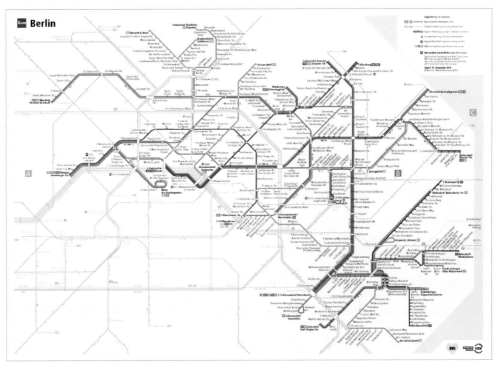

구 동독지역에 많이 분포된 베를린 트램 노선도

제3세대 저상형 트램 차량도 등장해

트램의 부분 저상차는 전 차량 길이에 점유하는 저상 부분의 비율로 10% 저상차(First generation), 70% 저상차(Second generation), 100% 저상차(Third generation)로 발전해왔다. 최근에는 제작비가 적게 드는 100% 저상형 트램이 일반적이지만, 운영보수 비용 절감을 위해 70% 저상차도 선호하고 있다.

종래의 대차는 차축이 중앙통로부에 있었기 때문에 바닥높이가 제한되었지만 저상차의 대부분은 차축이 없으며, 독립차륜의 경우 차륜부가 밑으로 들어가 중앙부는 저상화가 가능하다. 이런 저상형 LRV은 종래 노면차량에 비해 최고속도, 가감속 등 성능을 개선하고 연결차는 2차체 4축과 6축, 3차체 8축 등 수송력에 따라 여러 형태로 운행되고 있다.

한편, 독일 지멘스(Siemens)에서는 각 차량 타입을 콤비로 조립 선택할 수 있는 콤비노(Combino) 시스템을 개발해 다양한 수요에 대처할 수 있도록 하고 있다. 특히 최신형 트램 아베니오 사양은 단일 차체로 길이는 9m이며, 2~8모듈로 차량 길이는 18~72m, 차체 폭은 2.3m, 2.4m, 2.65m, 축 중량은 10.5t, 최고속도는 80km/h를 나타내고 있다.

독일 지멘스(Siemens) LRV의 발전 과정

자료 : 독일 지멘스, http://www.mobility.siemens.com/mobility

무가선 저상트램으로
도시경관을 보존하다

국내 기술로 개발한 무가선 저상 트램

지난 2009년 말 한국철도기술연구원 주관으로 현대로템 등 여러 기관이 무가선 저상트램 시스템 국가연구개발사업에 착수해 2012년 시제차량을 제작 완료(1단계)했다. 그 해 10월부터는 충북 오송에 시험선로를 완공하고, 주행시험을 실시했으며, 2013년 9월부터는 무가선 저상트램을 실용화해(2단계) 2018년 이후 국내 지자체 공급 및 해외수출 가능 실용화 수준을 목표로 지속적으로 기술개발하고 있다.

특히 1회 충전으로 50km 이상 주행이 가능한 세계 최대 용량의 배터리(196kWh) 개발로 해외 기술경쟁력을 확보했다. 무가선 트램은 차량에 탑재된 배터리로 달리는 에너지 효율을 향상시킨 것이다. 차량 위에서 전력을 공급하는 고압 가선이 없어 안전하고 도시 미관에도 좋고, 배터리로 달리기 때문에 소음과 매연이 없는 친환경 교통수단이다.

건설 및 운영비에 있어서도 지하철 1/8, 고가 경전철 1/3 정도의 비용으로 도입이 가능하다. 위례신도시, 수원시, 대전시 등 여러 지자체에서 도입 추진 중에 있는 등 국내에서도 트램이 운행하는 날이 머지 않았다.

대전시 2호선 트램을 필두로 전국적으로 도입확산

국내에서 처음 도입하는 대전 무가선 트램은 국가 R&D 사업으로 개발된 신기술로, 기존 트램과 달리 배터리로 운행하기 때문에 도시 경관에도 유리한 친환경 교통수단이다.

트램 사업은 총 사업비 6,950억 원(국비 60%, 시비 40%), 정류장 36곳, 총 연장 37.4㎞의 완전한 순환선으로 추진된다. 2019년 1월 예비타당성 면제 대상사업으로 결정되었고, 이후 기본 실시설계를 거쳐, 2021년부터 2025년까지 공사 및 시운전을 거쳐 개통할 예정이다.

경기도 도시철도망 구축계획에 반영된 트램은 총 7개 노선으로 동탄도시철도, 수원 1호선, 성남 1·2호선, 8호선 판교 연장, 용인선 광교 연장 등이며, 예비타당성 조사를 면제받는 위례신도시 트램에 이어 수도권에도 도입이 점차 활성화될 것으로 전망된다.

경기도 트램 노선별 계획

노선명	구간	연장(km)	사업비(억 원)
스마트허브노선	오이도역~한양대역	16.2	3,666
동탄도시철도	1단계(반월교차로~동탄역~오산역, 동탄역~동탄2)	23.73	7,692.5
	2단계(1단계 + 병점역~동탄역)	8.62	2,274.7
수원1호선	수원역 ~ 한일타운	6.17	1,763.6
성남1호선	판교역 ~ 성남산업단지	10.38	2,382.0
성남2호선	판교차량기지 ~ 판교지구, 정자역	13.70	3,538.9
오이도연결선	오이도역 ~ 오이도	6.55	1,760.6
송내–부천선	송내역 ~ 부천역	9.09	2,381.0

자료 : 경기도청 광역도시철도과 내부자료, 2018.3

친환경 교통수단으로
정착하다

프랑스 보르도와 니스 무가선 트램

프랑스 트램은 지난 1980~1985년부터 낭트와 그레노블, 스트라스부르 등을 중심으로 다시 도입되기 시작해 현재 총 29개 도시에서 운행되고 있다. 이렇게 트램 도입 붐이 일어난 것은 도시화와 도심재생에 친환경 교통수단의 역할이 있었기 때문이다.

보르도 시내 중심 켄콩스 광장(Place des Quinconces)을 주행하는 무가선 트램

보르도 랜드마크, 가론강변의 부르스 광장(Place de la Bourse) 트램웨이

보르도(Bordeaux)는 프랑스 남서부 누벨아키텐의 중심도시로서 면적
은 49.36 km², 인구 257천 명으로 적지만, 28개 코뮌으로 구성된 보르
도 메트로폴을 포함한 대도시권은 120만 명이 넘는다. 지금도 중세시대
의 역사적 건축물들이 프랑스 남부 최대 규모를 자랑하고, 인근의 생테
밀리옹과 메독 등 프랑스 와인을 대표하고 있는 유명한 곳이다.

과거 항구도시로서 번영했던 보르도 역사지구는 2007년 Bordeaux,
Port of the Moon으로 유네스코 세계유산에 지정되었으며, 세계에서
가장 넓은 도시 면적 18.1㎢로 전체 약 40%을 차지하고 있다. 켄콩스 광
장의 지롱드 기념비에서 세계의 건축물 그랑 테아트르를 거쳐 이어지
는 세인트 카트린(Sainte Catherine) 보행자 거리는 1,250m에 이른다. 무
엇보다도 역사지구내 좁은 도로를 주행하는 무가선 트램이 고풍스러
운 도시공간과 잘 어울리고 모던한 이미지로 바뀌어 시민들과 관광객

들에게 인기가 매우 높다. 특히 가론강변에 2005년 트램을 운행하기 시작하면서부터 방치된 수변공간은 10여년에 걸친 도시 프로젝트에 의해 지난 2009년 시민을 위한 보행공간으로 조성되었다. 강변 길이 4.5㎞, 폭 80m, 면적 45만㎡에 이르지만, 이후 피에르 다리와 북측의 자크 샤방델마 브릿지까지 보행·자전거 네트워크가 연계됨으로써, 그야말로 Bordeaux의 원래 의미 Bord(가장자리)+d'eaux(물의) 도시답다.

보르도 대중교통시스템(TBM, Transports Bordeaux Métropole)은 4개 노선의 트램과 이를 연계하는 75개 노선버스(Night bus 13개 노선), 가론강 셔틀 보트 등이 운행되고 있다. 특히 트램의 경우, 당초 궤도시스템으로 VAL 경전철을 검토했지만 역사지구의 경관 등을 고려해 1997년 트램으로 정해졌다. 2003년 A선, 2004년 B, C선이 개통했고 최근 2019년 말에 완공한 D노선을 포함 현재 총연장 76.9km, 131개 역이다. A, B, D 차량은 알스톰의 Citadis 402 모델로 길이가 44m 이르며, C 일부구간은 tram-train 운영 등 프랑스에서 처음 지상 집전방식(APS, Alternative Power Supply)을 시가지 구간에서 채용해 운행하고 있는 보르도 무가선 트램은 세계적으로 유명하다.

시내 중심 켄콩스 광장에서
트램 B, C노선 환승

니스(Nice)는 프랑스 남동부에 위치한 도시로 2017년 인구 34만 명으로 지중해 연안에 접하는 세계적으로 유명한 휴양지·관광 도시다. 현재는 프랑스령이지만 역사적으로 이탈리아 문화권에 속한 시대가 길었기 때문에 언어와 문화면에서는 프랑스보다 이탈리아에 가까운 특징이 있다. 니스에서는 1879년부터 말이 끌던 마차에서 1900년 전기로 대체했던 오랜 트램 역사를 갖고 있었고, 1930년 당시 총 노선은 144㎞에 이르렀다. 시내 교통수단으로 트램이 트롤리버스로 점차 바뀌면서 1953년 폐지되었다가 2007년 새롭게 트램 노선이 운행하기 시작했다.

현재 3개 노선에 53개 역 노선연장은 27.5㎞을 운행 중이며, 노선 가운데 시내 중심부의 마세나 광장(Place Massena)과 가리발디 광장(Place Garibaldi)을 지나 두 구간은 가공전차선의 급전이 아니라 축전지를 사용한다. 보르도와 전력공급 방식은 조금 다르지만, 도시 경관을 중시한 무가선 트램을 운행함으로써 세계적으로 높이 평가받고 있다. 또한 주행로 잔디궤도와 주변 가로수의 식생 및 현대 예술작품 설치 등 세계적인 관광도시답게 아름다운 미관을 고려한 트램웨이를 건설했고 추가적인 노선연장을 추진하고 있다.

프랑스 니스 마세나 광장 구간의
무가선 트램

세계 최고의 트램 네트워크를 가진 멜버른

멜버른(Melbourne)은 시드니 다음으로 인구와 산업이 집중된 대표적인 환경·문화도시다. 2016년 영국 '이코노미스트'가 선정한 '세계에서 살기 좋은 도시'에 6년 연속 1위를 차지한 매력적인 도시이다. 아울러 멜버른 Transport Strategy(2012~2030) 분야별 교통집행계획으로 Walking Plan(2014~2017), Bicycle Plan(2016~2020), Road Safety Plan(2008~2013), Motorcycle Plan(2015~2018)이 수립되어 있으며, 2030년까지 수단별 분담율은 도보 30%, 자전거 10%, 승용차 20%, 대중교통 40%를 목표로 하는 대중교통 중심 도시다.

모든 대중교통시스템은 PTV(Public Transport Victoria) 네트워크에서 운영하고 있다. 특히 2015년부터 중심상업지구 내를 무료 트램 존(Free Tram Zone)으로 전환함으로써 시내 자동차 이용률을 낮추는 데 크게 기여했음은 물론 관광객들에게도 인기가 있고 이동편의성 만족도가 높아서 세계에서 매우 성공적인 교통수요관리정책으로 평가받고 있다.

또한 2016년부터 주말에 나이트 열차와 트램, Night Bus와 Coach 등 24시간 대중교통서비스의 나이트 네트워크를 시행해 대중교통 편의성을 높이고 있다. 시내 철도네트워크는 시티 루프 순환선 형태로, 교외전철은 플린더스 거리(Flinders Street)와 서던크로스(Southern Cross)의 2개 거점역이고, 그 외 3개 역 플라그스타프(Flagstaff), 멜버른 센트럴, 주 의사당(Parliament)에서 각 구간을 경유해 운행하고 있다.

멜버른은 1885년 케이블 트램 시대부터 오랜 기간 동안의 트램 역사를 지니고 있으며, 2017년 현재 24개 노선에 총연장은 250㎞에 493대 트램, 1,763개 정류장으로 전 세계 도시들 가운데 가장 긴 네트워크로 유명하다.

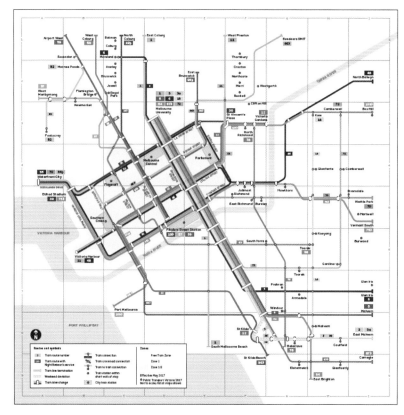

맬버른 트램 네크워크,
Free Tram Zone
자료 : https://yarratrams.com.au/

　　지난 2017년과 2018년 연간 수송인원은 2억 630만 명, 1일 약 56.5만 명이 이용하고 있다.

　　무엇보다도 도심 내부에는 지하철이 운행되지 않고 지선버스가 제한적으로 철도역과 연계되지만 트램만이 운영된다는 특징이 있다. 이와 같은 네트워크로 맬버른 시내는 많은 시민들과 관광객들이 지상에서 트램을 편리하게 승하차하고 타 교통수단과 환승하는, 세계 어느 곳에서 볼 수 없는 트램 천국이다.

세계에서 가장 긴 네트워크의 멜버른 트램

트램 역사를 보여주는 일본 구마모토 시

구마모토 시(熊本市)는 규슈 후쿠오카 시에서 남측으로 110㎞ 떨어져 위치하고 있으며, 면적 390.32㎢, 인구 74만 명으로 후쿠오카 시, 기타큐슈 시에 이어 세 번째로 인구가 많다. 특히 구마모토 성을 중심으로 시가지가 발전해온 성곽도시로, 시내를 흐르는 시라가와(白川) 등 물과 숲의 도시로 불리고 있다.

구마모토 성은 1607년 가토 기요마사가(加藤淸正) 축성한 넓이 98만 ㎡, 주위는 약 5.3㎞ 규모로 일본 3대 성으로 손꼽히고, 주변 니노마루와 산노마루 공원 등지는 벚꽃 명소로도 유명하다. 지난 2016년 4월 구마모토 지방에서 발생한 대지진은 일본에서 네 번째(규슈 최초)로 큰 진도 7.0 규모로 사망 267명, 부상 2,800여 명 등 도시 전체에 많은 재해가 발생했다. 현재는 입장을 제한하고 대지진으로 훼손된 성곽 전체를 완성 당시 모습으로 복원 중이다.

도시구조는 중심 시가지 구마모토 성 동측으로 가미토오리(上通), 시모토오리(下通), 선로드 신시가 3개의 아케이드 거리가 1㎞ 이상 이어지고, 주변에 시청과 대규모 버스터미널 등이 입지하고 있다. 부도심 구마모토 역은 중심가에서 남서쪽으로 2㎞ 떨어져 트램이 주 연계교통수단으로 이용되고 있다.

트램은 1924년 2개 노선을 개통했고, 1997년 8월에는 일본에서 처음으로 초저상전차 9700형을 도입한 바 있다. 현재는 적색의 A계통 9.4㎞, 청색의 B계통 9.7㎞으로 나뉘어 5개 노선이 운행 중이다. 0.2㎞의 센바바시(洗馬橋)~신마치(新町) 구간만 전용궤도이고 그 외 모든 구간이 병용궤도로, 1950년대 1050형부터 2014년 신형 코코로(COCORO)에 이르기까지 구마모토 시 교통국의 오랜 노면전차 역사를 보여주고 있다.

구마모토 트램은 1924년 개통해 현재 5개 노선이 운행 중이다.

이제 트램과 트레인으로
함께 달린다

상호 직결운행 시스템, 트램-트레인

'트램-트레인'(Tram-train)이란 환승 불편을 없애고 이용편리성을 높이기 위해 노면전차와 철도노선이 각각의 규격에 맞춰 주행하는 직통운전시스템으로, 일반철도 선로 위에 트램이 주행하도록 한 시스템이다. 이 방식은 독일의 카를스루에에서 기존의 철도망을 활용해 궤간 1,000㎜의 철도를 트램과 동일한 궤간 1,435㎜, 직류 750V로 변환하거나, 노선을 연장하면서 독일 철도의 화물노선을 빌려 궤도를 공유했는데, 이것이 카를스루에 모델의 원형이라고 볼 수 있다.

운행 중 팬더그래프를 내리고
직결운행하는 트램, 네덜란드

카를스루에 시가지 중앙광장(Marktplatz)을 지나는 트램-트레인

또한 노선망 확장을 목표로 독일철도에 직결운행하는 것을 연구하기 시작해 운행규칙이나 노선규격 등의 큰 차이를 극복하고 1992년 처음으로 교류와 직류 가능한 S-Bahn(슈타트반) 차량으로 트램-트레인을 실현해 카를스루에 모델로 불리고 있으며, 상호 직결운행이 전 세계적으로 확산되고 있는 추세다.

주요 트램-트레인 노선으로는 독일 카를스루에를 비롯해 카셀(Kassel)과 노르드하우젠(Nordhausen), 자브뤼켄(Saarbrücken) 등, 영국의 로더럼(Rotherham)과 세필드(Sheffield) 구간, 스페인의 알리칸테(Alicante), 네델란드의 라인(Rhine)-고우다(Gouwe) 노선, 프랑스 파리 교외(T4선) 등이 해당한다.

독일 카를스루에 트램-트레인

카를스루에는 독일 남서쪽 라인강의 동쪽에 위치한 도시로 인구는 2019
년 현재 31만 명으로 독일 연방헌법재판소와 연방대법원 등이 이곳에
입지하고 있다. 카를스루에 성과 시가지가 건설된 것은 지금부터 300
여 년 전으로, 그 당시 도시계획에 따라 성을 중심으로 32개의 방사형
도로망은 빛나는 태양광선과 같이 뻗어 있다. 그리고 800㏊가 넘는 숲
과 공원, 울창한 가로수와 함께 철도 중심의 그린도시다.

    카를스루에는 1877년 1월 최초로 트램을 개통했고 이후 130여 년에 걸
쳐 노선 확충을 계속해, 독일철도 선로만을 운행하는 열차를 트램-트
레인용 차량으로 바꾼 결과 주행구간의 총연장은 400㎞에 이르고 있
다. 일부 S-Bahn 차량은 독일철도 선로 위에 트램을 상호직결 운행해
양쪽 모두를 달릴 수 있기 때문에 교외에서 시가지까지 환승할 필요가
없다.

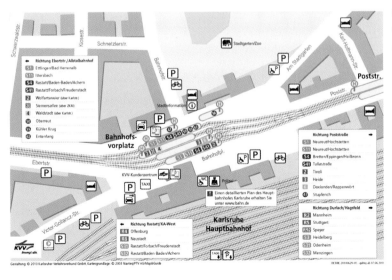

카를스루에
중앙역광장 정류장
노선 배치도

카를스루에 중앙역 광장을 주행하는 트램-트레인

　방사형 도시 특성상 카를스루에 중앙역 광장의 정류장에는 트램과 S-Bahn, 버스의 총 14여 개 노선이 운행되고 있으며, 카를스루에 모델이 도입됨으로써 주변 지역과 접근성이 크게 향상되었고, 당초 철도뿐이었던 때와 비교해 그 구간의 이용객이 많이 증가했다고 한다.

13

트랜짓 몰

Transit Mall

핀란드의 헬싱키 중앙역 건너
시내 최대 쇼핑가
알렉산테린카투 트랜짓 몰

트랜짓 몰(Transit Mall)은 교통수요관리, 도심활성화, 대중교통 이용편의 증진 및 보행환경개선을 위해 서 오래 전부터 트램을 운행하는 유럽 여러 도시를 중심으로 성공적으로 도입해왔다. 국내에서도 대중교통전용지구 지정 및 지원에 관련 법령에 의해, 통행량의 분산 또는 감소를 통한 교통수요관리를 위하여 이제 효율적인 정책대안으로 트랜짓 몰을 적극 권장하고 있다.

트랜짓 몰,
보행자와 공유하다

트랜짓 몰은 중심 시가지 등에 일반차량의 통행을 제한하고 도로를 보행자와 버스 및 노면전차(LRT, 트램) 등 대중교통에만 개방하는 것으로, 도로변에 보행자를 위한 휴식, 문화, 상업 공간조성 등 쾌적한 보행환경과 도심 상업지구의 활성화를 도모해 대중교통의 원활한 운행과 교통 환경개선에 있다.

즉 대중교통 이용편의 증진, 보행환경 개선 등 상호 연관성 있는 정책의 성공 여부는 대중교통전용지구가 도입된 지역에서 승용차 이용을 줄이는 교통수요관리와 상업 활동이 어느 정도 효과적으로 영향을 미치는가에 달려 있다.

오스트리아 린츠(Linz) 시내 중앙광장으로 이어지는 트랜짓 몰

프랑스 스트라스부르 역사지구의 트랜짓 몰

국내에서는
대중교통전용지구로 부른다

국내 대중교통전용지구의 법적 근거를 살펴보면, 「도시교통정비 촉진법」에서 시장으로 하여금 도시교통을 원활하게 소통시키고 대기오염을 개선하며 교통시설을 효율적으로 이용할 수 있도록 하기 위하여 대중교통전용지구를 통해 교통수요관리를 할 수 있도록 정하고 있다. 그리고 대중교통의 육성 및 이용촉진에 관한 법률에 의거, 국가(또는 지방자치단체)로 하여금 지방자치단체(또는 대중교통운영자)에게 대중교통전용지구 조성에 필요한 소요자금의 전부 또는 일부를 대통령령이 정하는 바에 따라 보조하거나 융자할 수 있도록 정하고 있다.

이를 배경으로 대구광역시 중앙로(반월당~대구역 사거리, 1.05km)에 2009년 12월 대중교통전용지구가 처음 도입되었으며, 2014년에 서울 연세로, 2015년에 부산 동천로를 개통해 현재 전국 3곳에서 운영 중이다.

대중교통 전용지구 설치 및 계획현황

대구 중앙로	반월당 ~ 대구역 사거리	1,050m	2009년 12월 개통
서울 연세로	신촌로터리 ~ 연세대 정문	550m	2014년 1월 6일 개통
부산 동천로	전포동 밀리오레 ~ 센트럴스타	740m	2015년 4월 3일 개통
수원 아주로	아주대학교 정문 ~ 아주대입구 삼거리	500m	실시설계 계획
성남 광명로	모란역 롯데리아 ~ 성남동 운동장 사거리	520m	실시설계 계획
전주 팔달로	팔달로 충경로 사거리 ~ 풍남문 사거리	550m	실시설계 계획

자료 : 국토교통부, 제3차 대중교통 기본계획(2017~2021), 2017.2

대구 중앙로 대중교통전용지구

중앙로 대중교통 전용지구는 도심내 일반 차량의 통행제한과 대중교통 수단의 진입만을 허용해 이용 시민들의 보다 쾌적하고 안전한 보행공간 및 쇼핑이 가능하도록 국내에서 2010년 1월 처음으로 운영했다.

위치는 중앙로 반월당에서 대구역 구간 1.05km 구간에 동성로 보행자 전용도로와 주변거리이다. 처음에는 상가 반대가 심했지만 이제 거리 활성화뿐만 아니라 연계공간 기능을 다해 모두 만족해 하고 있다.

대구 중앙로 대중교통 전용지구 시행 전후 모습

자료: 대구시설공단, http://dgsisul.or.kr

대구 중앙로 대중교통전용지구

위치	중앙로(반월당~대구역 구간) 1.05km
통제시간 및 차량	24시간, 버스, 택시(시차제), 통행증 부착 차량
시차제 통행 허용	영업용 택시(21:00~익일 10:00) 조업차량(09:00~11:00, 15:00~17:00, 23:30~익일 05:30)

조성된 대중교통전용지구는 도심 속 중심지에 보행에 지장이 없는 걷고 싶은 거리를 조성해 대중교통 중심의 다채로운 중앙로의 모습을 형상화해 나가고 있다. 불필요한 승용차 통행을 줄이고 대중교통이용 활성화를 통한 친환경녹색교통 문화 조성으로 대구 이미지 개선에 크게 기여하고 있다. 이렇게 중앙로 대중교통전용지구가 처음 조성된 이후 2014년에 서울 연세로, 2015년에 부산 동천로가 개통되었다.

신촌 대중교통전용지구

신촌 대중교통전용지구는 연세로 550m 및 명물거리 450m 구간 보행로를 넓히고, 주중에는 버스 등 대중교통과 보행자만, 주말에는 보행자만 이용할 수 있는 거리로 2014년 1월부터 운영 중이다.

그동안 추진 실적을 살펴보면 총 246회의 다양한 행사 개최와 공공자전거 180대와 11개소를 설치해 보행자와 대중교통이 더욱 편리하고 안전해진 보행환경과 지역상권 활성화에 기여하고 있다. 시행 효과를 살펴보면 통행속도는 일평균 4.6배 증가했고 버스이용객은 일평균 11.4% 증가한 것으로 나타났다.

신촌 대중교통 전용지구 시행효과

시민 만족도	상가 매출액	보행량	버스 이용객	통행속도	교통사고
변경 전 대비 60%p↑	전년 대비 5%↑ (5억 4700만 원 증가)	1시간당 789명↑	일평균 11.4%↑	일평균 4.6배↑	전년 대비 46%(25건)↓

자료 : 서울시 홈페이지, http://news.seoul.go.kr/traffic/archives/1756

미니애폴리스 니콜렛 몰(1967년)과 건물 간 보행통로 스카이웨이(Sky way)

일찍이 도입된 해외 트랜짓 몰
교통문제를 해결하다

세계에서 최초 버스 트랜짓 몰, 니콜렛 몰

미니애폴리스(Minneapolis)는 미국 미네소타 주 동부에 위치하는 주 최대의 도시로, 인접한 세인트폴(Saint Paul)과 함께 '쌍둥이도시'라고 한다. 전체면적 151.4㎢에 9.1㎢가 수면이고 20여 개 호수가 있어서 미시시피 강이나 다수의 좁은 강들이 흘러 '호수의 도시'라고 불리고 있다.

시내 중심부 니콜렛 몰(Nicollet Mall)은 1967년 세계 최초의 버스전용 트랜짓 몰이다. 일반적으로 트랜짓 몰이라고 하면 트램의 전매특허와 같은 이미지가 있지만, 니콜렛 몰은 버스와 택시, 긴급차량만이 통행할 수 있다. 양측 보도는 폭 5~10m로 넓고, 주변에 공용주차장이 많아서 버스로 환승이 편리하도록 설계되어 있다.

그리고 북위 45도의 한랭지에 위치해 1년 가운데 거의 반년이 눈으로 덮여 있고 한겨울 평균기온이 영하 10도 이내이기 때문에 고층 빌딩군이 밀집한 블록을 연결하는 스카이웨이가 1962년 처음 자연스럽게 조성되기 시작했다. 하나의 네트워크처럼 총 69개 블록을 연결해 전체 연장은 13㎞에 이르고 거대한 전천후형 옥내도시를 형성해 도심활성화와 접근성을 향상시키고 있다.

도시 경관과 어우러진 프랑스 스트라스부르

프랑스 알자스 지방의 고도 스트라스부르(Strasbourg)는 파리 동쪽 약 450km, 독일 국경 라인강변에 위치하고 있으며 면적 224km², 인구 47만 명(도시권 79만명)이 되는 알자스 지방의 경제·문화 중심 도시다.

건축가 르 코르뷔지에가 "스트라스부르는 아주 잘 성장한 도시"라고 칭송한 것처럼 2천여 년의 역사를 지닌 아름다운 도시다. 그러나 트램이 도입되기 전인 1988년에는 승용차 분담율이 73%에 이르러 실제 대중교통 이용률이 매우 낮은 편이었고, 운하로 둘러싸인 도심의 중앙 도로에 많은 통행량이 유입되어 그중 40%는 통과교통이 차지했다.

스트라스부르 친환경 도시공간이 된 잔디궤도의 트램웨이

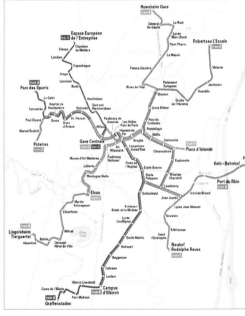

스트라스부르 트램 6개 노선(총연장 65km)

스트라스부르 도심 트랜짓 몰, 옴므 드 페르(Homme de FerP) 환승 정류장

교통문제를 해결하기 위해 1989년 카트린 트로트만 시장의 리더십으로 모든 합의 형성과 시책이 일체적으로 추진되었고, 역사적인 옛 도심부의 화물차 통행제한과 통과교통의 억제, 그리고 트램웨이 도입 등 일련의 교통전략 패키지는 성공을 거두었다.

도시교통전략의 기본 원칙은 시내 중심가를 향하는 도로의 교통소통을 원활하게 하는 것이 아니라, 대중교통을 이용해 도심 접근성을 높이고 자동차가 접근하기에 불편하도록 했다. 또한 1992년 2월 도심을 관통하는 간선도로에 과감히 트램웨이를 설치하고 도심으로 들어가는 차량은 우회도로나 순환고속도로망 A35를 이용하게 했다.

도심 상점가의 좁은 도로나 노트르담 성당 앞의 중심 광장에서는 이전부터 보행자 공간이었지만, 통행 차단에 따라 1일 25,000대가 통과했던 간선도로는 트랜짓 몰을 형성했고, 평면주차장으로 사용되었던 클레베 광장도 보행공간으로 재생되었다.

스트라스부르 트랜짓 몰은 도심부의 보행자 우선의 교통문제 해결과 도심재생, 잔디궤도와 혁신적인 차량디자인 등 도시의 경관 형성 측면에서 세계적으로 손꼽히는 사례로 평가받고 있다. 현재 6개 노선(A~F 노선) 총연장 65㎞, 82개 정류장의 1일 이용객은 약 457천 명으로, 프랑스에서 가장 많은 트램이 운행되고 있다.

'환경수도'에 걸맞은 독일 프라이부르크

프라이부르크(Freiburg)는 독일의 남서부 바덴뷔르템베르크 주, 아름다운 자연환경의 검은 숲(Black Forest, Schwarzwald)의 산기슭과 라인강과 가까이 위치한 인구 22만 명의 도시이다. 유럽의 도시 환경보호 캠페인에서도 몇 번이나 상을 받았고, 독일 환경지원협회의 지자체 콩쿠르 자연·환경보호의 연방수도에서 최고점을 획득해 '환경수도'로 1992년에 표창을 받는 등 세계 에너지·환경전문가로부터 태양의 도시, 그린도시로 잘 알려져 있다.

선진적인 환경정책으로 유명해진 것은 폐기물 문제, 자연에너지, 교육, 교통을 비롯해 광범위하지만, 무엇보다도 검은 숲의 삼림 피해나 중심 시가지의 교통 혼잡이 심각한 문제로 표면화되어, 중앙역에서 바로 이어지는 도심부 약 0.5㎢ 지역에 차량진입을 통제하고 보행자와 대중교통 중심의 트랜짓 몰을 1972년 일찍이 조성했기 때문이다.

특히 이곳 트랜짓 몰 내에 높은 곳에서 낮은 곳으로 자연스럽게 물이 흐르도록 설계한 순환수로와 바람 통로 등의 친환경적인 도시설계에 의해 세계 어느 도시에서도 볼 수 없는 이색적인 도시공간을 창출하고 있다. 현재 프라이부르크 교통주식회사는 5개로 LRT 노선과 22개 버스 노선이 연간 6,700만 명을 수송하고 있다.

독일 프라이부르크 트랜짓 몰

IV

스마트모빌리티로 지속가능한 도시를 만들자

14

자전거 공유시스템
공용자전거

Bike Sharing

공동이용(sharing)의 개념이 점차 정착하면서 자전거 공유가 전 세계적으로 확산하고 있다. 국내에서도 공용자전거 운영사업을 법률로 명시해 많은 도시에서 도입하면서, 이용자들은 필요할 때 자전거가 있는 곳이나 각 스테이션에 가면 되고, 자전거를 유지하는 비용이나 보관, 주차에 신경 쓸 것 없이 단거리 통행이나 대중교통 연계환승에 편리하게 접근할 수 있다.

이탈리아의 밀라노
두오모 광장에 설치된
공용 자전거 BikeMi

공용자전거
세계적으로 널리 보급되다

친환경시대의 상징이 된 공용자전거

제1세대는 1965년 7월 암스테르담의 화이트 바이크(White Bike)가 최초로 알려져 있다. 별도로 관리하지 않고 누구나 이용할 수 있도록 자전거를 제공하는 시스템으로, 1995년 미국 포틀랜드의 환경보호 차원의 옐로 바이크(Yellow Bike) 프로젝트도 있었지만 폐지되었다.

이후 1995년 5월 도입된 코펜하겐의 도시 자전거 체계인 바이사이클렌(Bycyklen)이 대표하는 제2세대는 현재도 지속적으로 운영되고 있다.

코인 디포짓 방식으로 사전에 코인을 지불하고 나중에 보관소에 반납하면 되돌려 받는다. 대여관리와 이용자 인증을 하지 않지만, 시내 경계선 내에서만 사용할 수 있고 만약 벗어나서 적발 시에는 범칙금이 부과된다. 그 외 핀란드 헬싱키에서도 2000년 시티바이크를 도입했고, 노르웨이 오슬로와 베르겐 등에서 2002년 9월 처음 코인을 사용했지만 전자식 카드로 변경해 운영하고 있다.

제3세대는 IT를 기반으로 자전거의 대여 반환 및 위치를 추적하는 전자·무선 시스템을 갖추고 있다. 사용자의 신용카드, 직불카드 등을 활용하고, 스마트카드, 스마트키 등의 최신 기술도 활용하고 있다. 그 외 GPS 위치확인, 전동 어시스트(이탈리아 e-바이크), 공통 IC교통카드 할인 등 부가가치를 추가하고 있다.

북유럽에서 시작된 'City Bike'

세계에서 처음 시작된 'City Bike'가 새로이 'Bycyklen'으로 2014년 재탄생하였다. 코펜하겐 시내의 출·퇴근 시 자전거 수단 분담률은 45%에 이르며, 'good, better, best - The City of Copenhagen's Bicycle Strategy 2011~2025' 계획 하에 장래 50%를 목표로 하고 있다. 가장 자전거타기 좋은 도시 코펜하겐은 보도와 차도 사이의 자전거 전용도로가 400㎞에 이르고, 코펜하겐 베스터브로와 브뤼게 지역을 연결하는 자전거 전용 다리 쉬클슬랑에(Cykelslangen)도 있다.

오슬로 City Bike는 2002년 9월 당시 단지 7개의 자전거보관소(자전거 90대)로 네델란드와 덴마크에 비해 비교적 늦게 시작하였지만, 현재 200개소로 늘려 시내 어디에서도 쉽게 이용할 수 있다.

코펜하겐의 출 · 퇴근시
자전거 수단 분담율은 45%에 이른다.

헬싱키
City Bike

오슬로
City Bike

헬싱키 교통국(HKL)의 제2세대 City Bike는 2016년 5월부터 새로이 시작하여 150개의 자전거보관소(Hubs)와 자전거 1,500대를 갖추고 시내 어디에서도 쉽게 이용할 수 있다.

그리고 스톡홀름 City Bike는 오래전 2007년 8월 도입해 현재 140개 station을 갖추고 겨울에는 찬바람 때문에 자전거타기가 힘들기 때문에 4월부터 10월까지만 운영하고 있다. 이 기간에는 항상 관광객이 넘치고, 예전에 비해 자전거 이용객이 크게 늘어 시내에서 유효한 교통수단으로 활용되고 있다.

세계 공용자전거 실시간 도시 현황(https://bikesharemap.com)을 살펴보면, 유럽이 74%로 가장 많고, 그 다음이 북미와 아시아가 각각 10%를 차지하고 있다. 유럽은 파리가 최대를 나타내고 있으며, 런던, 바르셀로나 등이 최근 급성장하고 있다. 북미의 경우 후발 도시인 뉴욕에 이어 워싱턴 DC, 시카고가 많고, 캐나다 몬트리올 순으로 나타났다. 아시아에서는 중국의 무한(武漢) 9만 대, 항주(杭州) 7만 대로 압도적으로 규모가 크다.

창원에서 시작해 전국에 퍼진 공용자전거

국내에서도 경남 창원시 '누비자'가 2008년 처음 430대로 도입했으며, 2018년 현재 대여소 269개소, 자전거 3,932대로 창원경륜공단이 위탁운영하고 있다. 이어 대전시에서는 2009년 200대로 '타슈'를 시범 운영, 2018년 현재 261개 대여소, 자전거 2,355대로 대전시가 전액출자하고 시설관리공단이 위탁운영하고 있다. 참고로, 대전시 자전거 모델 업그레이드(400대)는 철제 프레임에서 알루미늄으로, 3단 기어에서 7단 기어로, 안장과 장바구니 등의 개선은 물론 2019년 환경부공모사업으로 전기자전거를 시범운행한다.

그리고 고양시 '피프틴(Fifteen)'이 2010년, 안산시 '페달로'가 2013년, 세종시 '어울링'은 2014년 72개 대여소, 자전거 735대로 운영을 개시했다. 어울링은 최근 2018년 8월 전국 최초로 사물인터넷(IoT) 접목, 자전 거의 위치정보(GPS)를 파악해 스마트폰 앱으로 자전거 거치대에서 대 여·반납이 가능한 뉴 어울링을 운영 중이다. 특히 2019년부터 200대를 시범 도입, 전국 최초로 공용 전기자전거를 추진하고 있다.

서울시 '따릉이'는 2016년 5개 거점 중심으로 대여소 150개소, 자전거 2,000대로 서울시설공단에 위탁해 운영을 개시했고, 2018년 4월 기준 25 개 자치구, 자전거 2만 대, 대여소 1,540개소로 사업을 확대하고 있다.

2017년 국내에서 처음으로 수원시에서 스테이션 없는 공용자전거 중 국의 '모바이크' 시스템을 도입했고, 2018년 인천 연수구의 '쿠키바이크 (cookie)' 등 각 지자체에서 지역 특성에 맞는 시스템이 운영되고 있다.

암스테르담 중앙역앞 자전거 주차장 , 방치자전거 처분 안내 팻말이 눈에 띈다

공용자전거로
교통환경을 바꾸다

커뮤니티 사이클이 늦게 도입된 일본 도시

세계적인 자전거대국 일본은 오래 전부터 국가적인 차원에서 자전거 정책과 관련 제도 및 시책을 추진하는 등 선도적인 역할을 해왔다. 국토교통성과 경찰청이 연계해 자전거 이용환경을 개선하고 정비지침을 마련하였으며, 일본 자전거정책의 추진방향에 대한 조사보고서(2003)에서 '2525 플랜(2025년, 25% 계획)'을 발표, 2025년까지 자전거 분담율 25%까지 달성하는 목표를 정했다.

자전거 안전사고가 증가함에 따라 일본 경찰청에서는 2011년 10월에 자전거는 '차량'이라는 원칙을 정하고, 차도를 통행하는 자전거 안전을 위해 2012년 11월 종합대책 '안전하고 쾌적한 자전거 이용환경 창출 가이드라인'을 수립한 바 있다. 뿐만 아니라 '자전거 등 주차장의 정비 방법에 관한 가이드라인'에 따라 자전거 주차장을 꾸준히 정비하고 있다. 특히 2011년부터 매년 전국 커뮤니티 사이클 시 담당자회의를 개최하는 등 정부 차원에서 공용자전거 보급에 적극 나서고 있다.

2017년 10월 기준 일본의 공용자전거는 110개 도시에서 본격적으로 도입되었다. 이후 4개 도시가 확정되었고, 2018년 사회실험 19개 도시, 현재 검토하고 있는 42개 도시를 포함하면 총 175개 도시에서 공용자전거를 운영하고있다.[52]

---

52) 全国コミュニティサイクル担当者会議 자료-2, 国土交通省都市局街路交通施設課,「コミュニティサイクルの取組等について, http://www.mlit.go.jp/toshi/toshi_gairo_fr_000030.html

삿포로 전기 자전거 공유서비스 , 포로클(porocle)

일본 최초 공유 전동자전거,
기타큐슈 시의 시티바이크 초코모(Chocomo)

광저우시, 보도에 꽉 찬 공용자전거 오포(Ofo)와 모바이크(Mobike)

자전거 거치대가 없는 중국의 공용자전거

중국의 공용자전거는 2008년 항저우에서 시작된 자전거 거치대가 없는
Dockless Bike sharing으로 Mobike, ofo이 대표적이다. 요금은 자전거
에 QR코드 스티커가 붙어 있어서 위챗(Wechat, 微信), 알리페이(Alipay,
支付宝)로 지불하면 뒷바퀴 잠금쇠가 풀리는 구조이다. 2016년경부터는
중국내 상하이 광저우 등을 비롯, 싱가포르, 시드니, 삿포로시, 국내 수
원시에 이르기까지 전 세계 도시로 확산되고 있다.

저렴한 비용으로 어디서든지 쉽게 이용할 수 있지만 넘쳐나는 자전
거를 더 이상 방치할 수 없어서 북경과 상하이, 광저우 등 일부 도시에
서는 이제 공유자전거의 규모를 제한하고 운영업체를 지정해 엄격히
통제하는 단계에 이르렀다.

유럽 최대 규모의 공용자전거, 파리의 벨리브

파리는 1996년 자전거 이용 활성화를 위한 플랜(Le Velo Plan)을 수립하고 오래 전부터 시내 자전거도로 확장을 본격적으로 전개했다. 버스통행권만큼 자전거통행권도 보장하면서, 자전거도로 설치가 어려운 곳은 버스전용차로를 자전거가 이용할 수 있도록 함으로써 이용률은 현저하게 증가하였다.

지난 2007년 성공적으로 도입한 벨리브(Velib)는 300m 간격의 1,800여 개 자전거 스테이션에서 2만 대의 자전거를 자유롭게 이용할 수 있다. 시스템의 구축과 운영은 광고회사 제이씨데코(JCDecaux)에서 맡고 있으며, 중국 5개 도시에 이어 6번째로 큰 규모를 자랑하고 있다. 1일 평균 11만 명이 이용하고 있으며 연간 이용건수는 3,500만 건에 이른다.

프랑스에서는 30개 이상 도시에서 벨리브와 같은 서비스를 도입함으로써 공용자전거 성공모델로 자리매김[53]하고 있다.

파리의 공용자전거
벨리브(Velib)

53) http://en.velib.paris.fr

프랑스 보르도에서 2010년 도입된 공용자전거, Vcub

자전거왕국 네덜란드, 철도와 연계한 OV-자전거

자전거 이용율이 27%로 유럽에서 가장 높은 국가인 네덜란드는 1940년대부터 도로정비와 동시에 자전거전용도로를 건설했으며, 1970년대에 자전거가 무동력 친환경 교통수단으로 재인식되면서 1980년대 또다시 자전거시설 정비가 대폭적으로 이루어졌고, 1991년 'Bicycle Master Plan'에 의해 종합적인 자전거 정책을 시행했다. 그러나 자전거 이용촉진을 통일적으로 전개하기는 어려워 2000년부터 다시 자치단체 주도로 추진하고, 자전거 주차문제를 해결하기 위해 2020년까지 3만 8천 대의 주차시설을 대폭적으로 확보할 계획이다.

특히 대중교통과 연계를 위해 자전거 대여시스템 OV-fiets를 도입했다. 운영주체는 네덜란드철도회사로, 주요 철도역 등 240개소에 설치했으며, 역에서 목적지까지 접근수단으로 주로 이용하고 있다. 이용자 90%는 철도 정기권 소유자이고, 현재 암스테르담에는 모든 역에 공용자전거를 서비스하고 있다.

런던시장의 공약, 자전거 이용 2025년 400% 목표

런던에서는 향후 20년을 위한 교통계획 보고서(Mayors Transport Strategy)를 2010년 발간했으며, 이를 토대로 보리스 존슨(Boris Johnson) 런던 시장은 '런던 사이클링 혁명'을 정하고 2025년까지 자전거 이용을 2001년 대비 400% 목표를 달성하기로 했다. 이에 새로운 도시교통 일환으로 2010년 7월 공용자전거 Barclays Cycle Hire를 도입했다.

런던의 공용자전거[54]는 시내 중심부 44㎢에 315개 자전거 대여소와 5,000대 자전거로 시작했지만, 지속적으로 확대하면서 2017년 현재 839개소 산탄데르 자전거 스테이션(Santander Cycles Station)과 13,600대를 갖추고 있으며, 1일 평균 2만 9천 명이 이용하고 있다.

런던의 공유자전거, 산탄데르(Santander)

54) London Santander Cycles, https://tfl.gov.uk/modes/cycling/santander-cycles

뉴욕의 공용자전거 시티바이크

뉴욕은 미국에서 대중교통수단의 이용률이 가장 높으며, 에너지효율이 가장 높은 도시이기도 하다. 마이클 블룸버그 뉴욕 시장은 지난 2007년 지구의 날을 맞아 2030 지속가능도시를 위해 '친환경 도시 뉴욕'(A Greener, Greater New York)을 슬로건으로 2030 계획을 발표했다.

2030년까지 온실효과가스의 2005년 대비 30% 감소 목표치를 정하고, 자전거도로는 시내 1,800마일(2,897㎞)을 확보할 계획이다. 그리고 통합가로 개념을 도입, 이제까지 자동차들에 점유되었던 도시가로를 보행자와 자전거 이용자들에게 나누어주고 공유하는 가로를 조성한다.

이를 배경으로 뉴욕에서도 시티그룹이 2012년 5월 공용자전거 시티바이크(Citi Bike)를 도입했다. 처음에는 맨해튼과 브루클린 지구에 330

개 스테이션 약 6,000대 자전거가 설치되었지만, 2017년까지 대상 지역을 확대해 자전거는 2배 운영했다. 2015년 현재 회원수는 75만 명, 1일 평균 약 4만 5천 명으로 이용객이 꾸준히 증가[55]하고 있다.

멜버른의 공용자전거

오스트레일리아 멜버른의 경우 자전거 도시 정착을 위해 안전한 자전거 이용 가이드(Bike Law: A bike rider's guide to road rules in Victoria)를 지키도록 하고 있다. 2010년에 도입된 공영자전거를 이용하더라도 헬멧을 반드시 착용해야 하므로 자판기에서 별도 구입해 사용한다.

멜버른의 공용자전거, 헬멧 대여 자판기

55) http://www.citibikenyc.com

15

승용차 공동이용,
카세어링

Car Sharing

샌프란시스코 시청앞 전기차 카세어링

카셰어링(Car Sharing)이란 일종의 공유경제 시스템으로 개인이 자신의 자동차를 이용하지 않고도 필요할 때 편리하게 이용할 수 있도록 공동이용 가능한 차량을 제공하는 서비스를 말한다. 교통 부문의 공유시스템은 이러한 카셰어링 외에도 공용자전거와 주차장 공유가 오래 전부터 시행해 오고 있다.

이제 함께 이용하는 세상,
카셰어링

최근 들어 자동차를 보다 효율적으로 활용하고 차량을 소유하지 않고 공용차량을 통해 차량을 이용할 수 있는 서비스로 인기를 얻고, 교통수요관리 측면에서는 불필요한 승용차 통행을 감소함으로써 교통혼잡 완화, 주차난 해결, 환경오염 해결 대안으로 유럽 및 북미 지역 등 2018년 현재 70여 개 카셰어링 운영업체를 통해 세계 여러 도시에서 활발히 이용하고 있다.

카셰어링은 렌터카와 달리 사전에 가입된 회원들이 다양하게 분산되어 있는 승용차 공동이용 차량을 인터넷, 모바일, 자동응답서비스(ARS) 등을 통해 차량 이용을 예약한 후 필요한 시간만큼 단기간 이용할 수 있다.

운영 방식은 크게 기업형 카셰어링(B2C, Business to Consumer), 개인공유 카셰어링(P2P, Peer to peer), 프랙셔널 오너십(Fractional Ownership) 세 가지 형태로 분류할 수 있다. 기업형이 일반적인 방식으로 민간업체에서 모든 운영과 서비스를 제공하는 방식이며, 수익 외 목적을 갖고 비영리로 운영하는 경우가 있다.

프랙셔널 오너십이란 초기의 모델로 차량을 공동 구매해 같이 이용하고 비용을 부담하는 소규모 시스템이다. 개인공유 카셰어링은 개인의 소유 차량을 이웃이나 친구 등과 서로 공유해 공동으로 이용하는 방식으로, 기업이 참여해 차량 소유주와 임대인을 연결해주고 수수료 명목으로 사용료의 일부를 공제하기도 한다.

초기에는 조합 형태의 자생적으로 시작해 기업형으로 발전하는 단계를 거치고 있으며, 특히 유럽과 미국에서는 민간기업이 개인공유 방식에 직접 참여해 수익을 창출하는 경우도 다수 존재한다.

독일철도DB의
전기차량 카셰어링

국내 카셰어링
빠르게 보급하고 편리하게 이용하다

2013년부터 시작한 서울시 나눔카

서울시는 교통수요관리 일환으로 불필요한 차량의 보유를 억제하고 승용차 이용 접근성이 낮은 계층에 대한 교통서비스를 제공하고자 '공유도시 서울' 사업의 일환으로 카셰어링 서비스를 '나눔카'로 칭하고 2013년 2월부터 서비스를 제공하고 있다.

승용차 공유서비스 나눔카는 2015년 1,262곳에서 2018년 2,400곳으로 나눔카 이용이 가능한 지점이 2배로 늘어났고, 2020년까지 서울시 나눔카 200대 모두 전기차량으로 보급할 계획이다.

서울시 나눔카 2기 사업은 생활 및 업무권역 활용거점 확대, 안전 및 편의 서비스 고도화, 전기차량 중심 확대 등 환경보호와 차량 소유문화 변화 주도까지 목표로 한다.

먼저 서울시는 기존에 나눔카가 배치되지 않은 86개 동(전체 424개 동)에 우선적으로 차량을 집중 투입하고, 임대아파트와 공공 원룸주택 등 부설주차장에 나눔카 주차장을 확보해 나눔카를 편리하게 이용할 수 있게끔 돕고, 시·구 공용주차장 총 933개소, 주민센터 주차장 424개소 등으로 나눔카를 확대 운영한다.

현재 나눔카 전기차 비율이 낮으나, 시는 노후한 나눔카의 차량 교체 또는 운영지점을 확대할 때 신규차량 구매 시 전기차로 교체하는 등 나눔카 전기차량 비율을 단계적으로 늘린다는 계획이다. 참고로 전기차는 2020년 200대, 이용지점도 100개소로 확대할 계획이다.

한편 서울시는 나눔카 대중교통 환승할인 서비스를 제공하는데, 평소 대중교통 티머니카드를 나눔카까지 확대해 대중교통 이용자는 보다 저렴한 가격으로 나눔카를 이용할 수 있는 등 나눔카 이용 활성화에도 도움이 될 것으로 기대하고 있다.

가까운 곳에서 쉽게 이용하는 그린카, 소카, 딜카, 행복카

국내에서 최초 서비스를 시작한 그린카는 2011년 10월 서울 지역을 대상으로 차량수 30대, 존 수 30개소로 영업을 시작했다. 이어서 2012년 3월 제주도 제주시에서 차량수 100대, 존 수 40개소로 소카가 서비스를 시작했다.

소카 홈페이지(http://www.socar.kr)와 회사 소개 팸플릿에 따르면 소카의 경우 약 1만 대의 차량으로 2017년 7월 기준 업계 최초 누적예약 1,000만 건을 달성한 바 있고, 카셰어링 이용 수요는 월평균 30만 건 이상으로 지속적으로 증가하고 있는 추세다.

2018년 12월 정식서비스를 시작한 딜카는 현대캐피탈이 250개 중소 렌터카 사업자와 제휴를 맺어 유휴 렌터카를 스마트폰 앱을 통해 차량을 빌릴 수 있으며, 고객이 원하는 시간과 장소에서 차량을 배달받고, 어디서나 자유롭게 반납할 수 있는 새로운 카셰어링 플랫폼이다.

LH공사가 2013년 9월 자체 사업으로 공유경제 활성화 및 임대단지 입주민의 이동편의 증진을 위해 시행중인 카셰어링 LH행복카는 2018년 11월 현재 전국 125개 임대단지에 서비스를 제공 중이며, 배치 차량은 총 181대, 이용 회원 수는 2만 8천여 명이다. 최근 수도권 23개 단지에 르노삼성의 전기차량 트위지를 총 45대 순차 배치해, 입주민 이용 시 시간당 3,000원이고, 주행요금 및 충전요금은 부담할 필요가 없어 장보기 등 근거리를 이동할 경우 간편하게 이용 가능하다.[56]

국내 처음으로 수소차·전기차 카셰어링 서비스를 하고 있는 제이카(J'CAR)

56) 한국토지주택공사 보도자료 - LH, 임대단지 카셰어링 서비스(행복카)에 전기차량 도입, 2018. 11. 28

미국의 카셰어링,
다양한 차량공유 서비스를 제공하다

카셰어링을 대표하는 집카(Zipcar)

미국 카셰어링의 대표적인 집카(Zipcar)는 2000년 매사추세츠 주 캠브리지에서 회원제 차량 공유 서비스를 시작해 스마트폰 보급으로 예약과 이용이 편리해지면서 급성장했다. 2007년에는 미국에서 두 번째로 큰 시장 규모를 가진 카셰어링업체 플렉스카를 인수하면서 최대의 서비스 규모를 갖추었다.

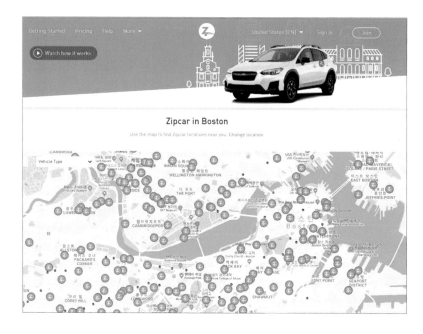

**카셰어링 집카,
보스톤 지역**
자료 : https://www.zipcar.com/

2013년에 세계적인 렌터카업체 에이비스버짓 그룹이 집카를 인수했고, 현재 캐나다, 프랑스, 스페인, 벨기에, 영국과 미국 등 9개국 500여 개 도시 지역에서 100만 명 이상의 회원으로 운영되고 있다. 최근 2017년에는 타이완, 2018년 코스타리카와 아이슬란드에 확장 도입되기도 했다.

집카는 2004년부터 미국 내 600개 이상 대학교와 협정을 체결해 대학교 캠퍼스 내에 집카 주차공간이 확보되어 있고, 대기업과 중소기업 등 10,000여 개 회사에 업무용 차량 렌터카 서비스를 제공하고 있다. 특히 미국 이삿짐 트럭 렌털 회사인 유홀(U-Haul)에서 운영하는 유홀카셰어는 대학가 인근에 주로 서비스를 제공하고 있다.

집카 차량의 경우 아우디, BMW, 미니쿠퍼, 픽업트럭, 프리우스 등 10,000여 대를 갖추고 있으며, 특히 혼다와 계약을 맺고 하이브리드차 Insight와 Civic, 그리고 혼다 전기차 Fit EV 등 저공해 친환경차량을 주로 제공하고 있다.

공항을 이용할 때 편리한 플라이트카(Flight car)

미국 주요 도시 공항의 장기주차장에는 늘 출장이나 여행기간 동안 주차해 놓은 차들이 많다. 플라이트카(Flightcar)는 공항에서 제공되는 개인 간의 카셰어링이다. 출장이나 여행 가는 사람이 장기주차하지 않고, 공항 인근의 플라이트카 지점에 차를 맡기고 기간 이내에 해당 공항에 도착한 여행객이 그 차를 저렴하게 렌트할 수 있는 시스템이다.

플라이트카 지점의 셔틀버스로 공항에 가고, 차를 찾을 때도 마찬가지다. 차를 맡기면 여행기간 내 주차비가 무료일 뿐만 아니라 렌터카로 이용하면 차주는 주유권과 렌트 수익을 얻고, 이용하지 않더라도 주차비 면제와 세차서비스를 받는다.

플라이트카는 현재 미국 내 12개 공항에서만 운영되고 있지만 P2P 카셰어링 서비스를 하는 온라인 카셰어링 플랫폼으로, 현재 투로(Turo), 겟어라운드(Getaround), 저스트쉐어잇(JustShareIt) 등이 개인과 개인을 연결해 대여서비스를 하고 있다.

개인공유 카셰어링, 투로(Turo)

개인공유 카셰어링(P2P)을 대표하는 투로(이전 RelayRides)는 2009년 보스턴에서 설립 후 다음해에 샌프란시스코로 확장해 서비스를 시작했고 집카에서 지금의 아이디어를 얻었다. 당시 집카는 차량 예약 가능 여부가 최대 이슈였으며, 종종 차량이 부족해 멀리서 차량을 가져와야 했다. 그래서 투로는 더 많은 차량을 공유하여 가까운 곳에서 개인과 연결해 정해진 차량을 원하는 시간에 예약이 가능하도록 했다.

차량을 대여해 주고자 하는 소유자는 홈페이지에 차량 사진, 예약 가능한 일정, 대여료 등 차량을 등록한다. 그리고 대여 희망자는 웹에서 용도에 맞은 차량을 고를 수 있으며, 메시지 기능을 이용해 차량 소유자에게 직접 문의할 수 있다.

차량 대여 일정이 잡히면 약속된 장소에서 차량을 인도해 준다. 대여 기간이 종료되면 약속 장소에서 차량을 회수하고, 파손이나 기타 문제가 없는지 모든 점검이 끝나면 계약이 정상적으로 종료된다. 이후 차량 소유자와 대여자는 서로 평가를 입력할 수 있다.

파리의 공용전기스쿠터 , 시티스쿠트(City Scoot)

일본에서도
카셰어링 시대를 열다

일본에서 처음 외제차 전문 카셰어링 법인으로 영업을 한 것은 1988년이다. 그 후 카셰어링은 오랫동안 보급되지 않았지만, 지난 2014년 차량대수가 12,373대로 만 대를 넘어 본격적으로 사업화되었다.

렌터카에 비해 지명도는 아직 낮지만, 일본 공익재단법인 교통에코로지·모빌리티재단의 2018년 5월 조사인 '일본의 카셰어링 차량 대수와 회원수 추이'에 따르면, 차량 스테이션 수는 14,941개소로 전년 대비 16% 증가, 차량 대수는 29,208대로 19% 증가, 회원 수는 약 1,320천 명으로 22% 증가하는 등 이용률이 매우 높게 나타났다.[57]

최근 일본에서도 카셰어링이 자동차 보유에 따른 비용부담이나 차고지 확보 등 불편을 덜어줄 뿐 아니라 자동차에 의한 환경부하를 저감하는 등의 효과가 있다는 것이 여러 매체에서 보고되고 있다.

일본의 주요 카셰어링 사업자

서비스	운영회사	차량스테이션 수	차량대수	회원수
Times Car PLUS	Times 24	9,091	17,492	783,282
Orix-carshare	Orix 자동차	1,531	2,600	170,050
Careco 카셰어링	미츠이(三井) 부동산 리얼리티	1,159	1,761	57,058
Cariteco	메이테츠(名鉄) 協商	304	386	20,150
Earthcar	Earthcar	257	257	24,584

개인 간에 차를 대여해 주는 P2P 서비스로 Anyca, Cafore, Greenpot 등의 서비스가 있음.

57) わが国のカーシェアリング車両台数と会員数の推移 - 交通エコロジー・モビリティ財団 2018.5

특히 카셰어링이 환경에 미치는 주된 효과는 실제 자동차 보유대수의 감소로 이어지고 있으며, 자동차 주행거리 절감, 친환경 이동수단으로의 이동, 주차공간 축소가 나타나고 있다.

카셰어링 사업자의 경우 렌터카 업체 및 주차장 사업을 하는 업체 등이 참여하고 있으며, 대체로 스스로 회원을 모집해 카셰어링을 하는 곳과 프랜차이즈를 포함해 카셰어링 시스템을 다른 사람에게 제공하고 스스로는 카셰어링을 하지 않는 업체로 나뉜다.

그리고 카셰어링 사업자도 일반적으로 회원을 모집하는 곳과 맨션 등의 카셰어링과 같이 한정된 회원에게만 제공하는 사업자로 나뉜다. 주차장 운영업체 타임스24와 같이 주차장 부지를 활용해 카셰어링 스테이션을 설치하고 있는 사업자가 많다.

일본의 카셰어링 차량 스테이션 설치현황으로, 2019년 3월 도쿄(왼쪽 사진)와 오사카 주변(오른쪽 사진)

자료: 2017년 전국의 카셰어링 사례 일람 (2017), 교통에코로지·모빌리티재단

16

실시간 주차관리시스템,
스마트파킹

Smart Parking

샌프란시스코
스마트파킹, SF Park

스마트파킹(Smart Parking)은 운전자가 주차공간을 쉽게 찾을 수 있도록 지원하는 주차시스템으로, 최근 IT기술이 지속 발전하면서 주차서비스에 새롭게 이슈화되고 있다. 비어 있는 주차장 공간을 운전자에게 실시간 제공하고 주차 예약이나 주차요금 결제 자동화 등 스마트주차가 국내에서도 대규모 비즈니스 기회를 제공할 것으로 기대된다.

스마트주차 시스템으로
관리하다

스마트주차 제어시스템이란

스마트파킹(Smart parking)는 운전자가 주차공간을 쉽게 찾을 수 있도록 지원하는 주차시스템이다. 센서와 스마트주차미터로 빈 주차공간을 파악하고 그 정보를 스마트폰으로 알린다. 그리고 센서를 이용해 운전자에게 주차장까지 유도할 수도 있다. 구체적으로는 센서, 웹 애플리케이션, 스마트주차미터, 휴대폰 자동결제 시스템으로 구성되고, 운전자가 사전에 주차장을 예약하고 신용카드나 스마트폰으로 요금을 지불할 수 있다.

스마트주차 제어시스템은 다음과 같은 단계로 진행된다. 1단계로 주차면마다 설치된 센서에 차량이 감지되면 무선통신으로 데이터 릴레이(게이트웨이)에 정보를 전송해 구간 내의 센서들과 통신하며, 2단계에서는 주차 정보가 데이터 릴레이에서 서버로 전송된다. 3단계로 주차점유 정보가 즉시 애플리케이션을 통해 이용자에게 전송되며, 마지막 단계로 주차안내 표지판에 주차가능 구간의 위치와 주차면수가 실시간으로 업데이트된다.

국내 스마트주차 앱 서비스는 지난 2013년 8월 모두컴퍼니의 모두의 주차장을 시작으로 2016년 2월 파크히어를 인수한 카카오 T 주차, 와이즈모바일의 파킹박, 파킹클라우드의 아이파킹 등이 주차정보를 제공하고 있다. 또한 거주자우선주차면을 사용하지 않는 시간 동안 유료로 이웃 운전자에게 공유 가능한 사물인터넷(IoT) 기반 공유주차 서비스 파킹프렌즈 등이 활용되고 있다.[58]

스마트주차 시스템의 개념

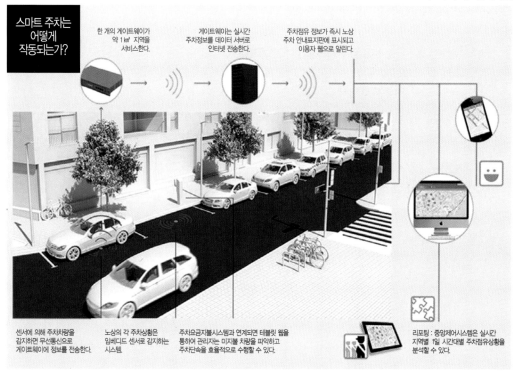

58) 파킹프렌즈(http://parkingfriends.net), https://www.moduparking.com, https://www.iparking.co.kr, http://parkingpark.kr, https://www.justpark.com, https://www.smartparking.com 등

스마트주차는 교통소통과 수요관리에 크게 기여

스마트주차는 주차장을 찾아 우회하는 차량을 줄여 도로교통 혼잡해소와 자동차의 배기가스 감축, 주차수요관리 등에 큰 도움이 된다. 따라서 자동차업계뿐만 아니라 정보통신산업 등 다양한 기술제휴가 한층 더 진행될 것이다.

더욱이 온라인 주차장 예약, 주차 수요에 따라 주차요금의 설정과 스마트폰에 의한 주차요금 결제, 실시간 주차장 정보제공 등은 교통 모빌리티 측면에서 점점 더 중요한 요소로 작용하고 있다.

또한 실시간 스마트주차는 빈 주차장까지 가는 길과 정보안내, 자동주차시스템과 연계함으로써 더욱 확산될 가능성이 있다. 무선 주차 미터나 센서를 통한 실시간 정보제공은 운전자나 주차장 운영자들에게 지금까지 활용하지 못하고 있었던 다양한 주차공간을 새롭게 활용하거나, 주차관리 인원을 줄여 주차장 경영과 사업을 간소화할 수 있기 때문에 스마트주차 보급에 크게 기여할 수 있다.

비즈니스 컨설팅 회사인 프로스트&설리번에 따르면 스마트주차사업은 앞으로 유럽과 북미를 중심으로 급성장할 것으로 보이며, 2014년부터 2025년까지 연평균성장률 17.9%, 시장규모로 환산하면 2014년 70억 5천만 달러에서 2025년에는 약 431억 달러에 달할 것으로 전망하고 있다.

일본의 스마트 주차정보
시대를 앞서가다

주차정보안내 VICS와 스마트주차

일본은 일찍이 1996년 4월부터 동경도 지역의 현재 교통상황을 운전자
에게 알려주는 정보시스템(VICS)을 운영해왔다. 교통혼잡, 교통사고 등
과 같은 도로교통에 관련된 정보는 실시간으로 VICS 장비를 탑재한 차
량을 이용해 얻을 수 있으며, 운전자에게 제공하여 교통안전의 확보,
원활한 교통소통, 환경보전과 경제적 효율성 등을 확보한다.

2019년 현재 VICS의 차량 누적 탑재대수는 6,572만 대로, 일반적인
주차장 위치정보와 색상으로 주차장의 혼잡 상태를 비롯해 운영시간,
요금, 수용대수, 시설 등 상세 정보가 제공된다.

도쿄도 내 실시간 주차장 안내 S-Park

자료 : http://www.S-Park.jp

주차장빌딩 대부분 실시간 주차장 안내 시스템을 운영

    한편 동경도와 국토교통성은 이미 2002년 40일간 시부야 지역에서 노상주차 문제와 노상에서 주차장 입고 대기시간을 줄이고 도로교통을 원활히 하기 위해 주차장 안내 유도시스템에 대한 사회실험을 실시한 바 있으며, 이를 토대로 스마트파킹의 실용화를 지속적으로 추진해오고 있다.

    특히 도쿄도 도로정비보전공사에서는 도내 주차장안내 사이트 S-파크를 운영해 휴대폰으로도 실시간 주차장에 대한 만차 여부, 주차요금 등 통합검색(http://www.s-park.jp)을 실시할 수 있다.

주차정보안내 VICS와 스마트주차

일본 최대 무인주차시스템 타임즈(Times24)는 IT기술을 주차에 활용한 파크24를 브랜드로 하고 있다. 처음에는 일본 버블붕괴 이후 토지 소유자들이 건물 신축보다는 나대지를 주차장으로 활용할 수 있도록 주차 1대분 면적만 있으면 계약할 수 있는 조건으로 주차장 부지개발과 위탁 운영에서 시작했다. 주차장 사업은 1985년부터 시작했으며, 1991년 잠금장치를 갖춘 24시간 무인·시간제 주차장이 처음 설치되었다.

파크24의 성공 포인트는 서로 공유하는 것으로, 10개 관련 회사가 모두 주차장 주변과 휴대서비스 등 새로운 부가가치에 주목해 설립했고, 최근 카셰어링을 비롯해 주차장 관리, 렌터카, 로드서비스, 결제서비스 등 다양한 서비스를 제공한다.

특히 토닉(TONIC)이라는 IT 정보시스템을 활용해 요일 및 시간별로 주차수요를 효율적으로 파악해 주차요금과 수급을 탄력적으로 조정하고, 운전자에게 휴대폰, 인터넷, 내비게이션으로 주차장 위치와 주차정보를 실시간 제공하고 있다(http://www.park24.co.jp/).

파크24
무인주차장 Times24

실시간 주차관리의
스마트파킹

미국과 유럽의 스마트파킹

미국에서는 민간주차시설에서 85%가 자동요금징수기술을 적용하고 있으며, 69%가 주차시설에서 진출입 제어기술 등 IT기술과 빅데이터를 활용해 주차문제를 해결하고 있다. 특히 주차장 이용자들의 사용 패턴과 날씨, 비행 스케줄, 대규모 축제 등 주차에 영향을 미칠 요소를 분석해 실시간으로 주차장 현황 및 예측치를 서비스하고 있다.

뉴욕시에서 2012년에 노상주차 177면을 시범운영하여, 온라인과 앱을 통해 가용주차 구간을 안내했으며, LA에서도 다운타운 10㎞ 반경에 시범운영해 주차에 의한 정체를 10% 이상 감소시키고 주차공간 점유율을 5% 이상 증가시키는 스마트파킹 효과를 인식했다.

시카고의 파크 시카고(Park Chicago)는 노상주차한 후 스마트폰에서 자동차등록번호판의 번호, 주차면 고유번호, 주차기간을 입력하고 회원가입 시 등록한 신용카드를 통해 주차요금을 결제할 수 있다.[59] 또한 스팟 히어로 주차예약 시스템은 웹사이트와 스마트폰 애플리케이션을 통해 이용자가 원하는 지역 내에 주차시설의 위치 및 요금 검색 및 예약 서비스를 현재 미국 12개 대도시 주차시설과 연계해 서비스 제공하고 있다.

59) 시카고 Park Chicago 웹페이지, https://parkchicago.com

영국의 스마트 미터 파킹 시스템 파크 모바일은 주차한 후 QR코드를 스마트폰으로 스캔하고 요금을 지불할 수 있으며, 자동으로 추가 요금 및 주차시간을 연장할 수 있다. 영국, 미국, 프랑스 등 다수의 유럽국가 지역에서도 큰 호응을 얻고 있다(https://paybyphone.com).

미국 샌프란시스코 SF Park 운영 사례

샌프란시스코에서 2009년 설계 시작 후 2011년 시범사업으로 시행되어 왔던 스마트주차 SF Park 탄력요금 주차시스템이 성공적으로 평가받음으로써 이를 시 전역으로 확대해 적용하기로 했다. SF Park는 주차 수요에 따라 주차요금이 변동하는 시스템으로, 주차공간을 효율적으로 사용할 수 있으며, 실시간 주차가용 구간 정보를 제공하고 있다.

노면센서를 통해 수집된 블록별 및 시간대별 주차점유율 자료를 기반으로 블록 주차점유율이 80%를 넘지 않도록 주차장의 요금을 주기적으로 조정(http://sfpark.org)하고 있다.[60]

주차요금의 조정은 시간당 0.25~6달러 범위에서 8주 간격으로 이루어지며, 웹과 모바일 애플리케이션 등을 적극적으로 활용해, 운전자에게 블록별 주차가능면수 및 주차요금 정보 등을 실시간으로 제공하는 등 주차 탐색시간의 최소화를 도모한다.

SF Park 는 기존 시스템보다 운전자들이 지불하는 주차요금이 감소한 반면, 확실히 주차점유율을 조절하는 데 효과적이다. 그리고 사용 가능한 주차공간과 주차비율이 60~80%에 도달했던 것도 31% 증가한

60) 샌프란시스코 SFpark 웹페이지. http://sfpark.org

것으로 나타났고, 주차공간을 찾는 시간도 설치 전보다 약 5분 정도 빨라지고 차량 이동거리가 타 지역보다 감소하는 등 현재까지는 미국에서 가장 효과적인 시스템으로 평가되고 있다.

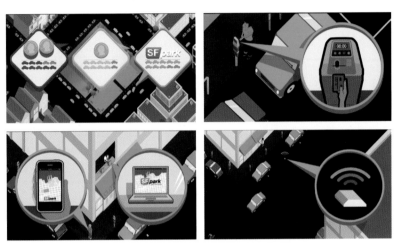

SF Park
스마트파킹 개념

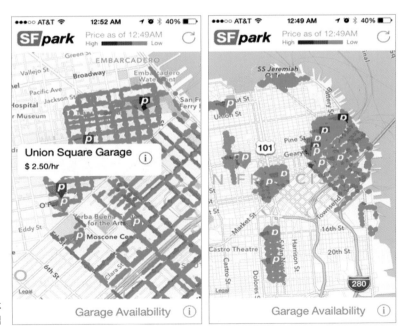

SF Park
모바일 앱

17

미래의
모빌리티 서비스

Future of Mobility Services

근년 친환경 차량 개발 투자와 기술 경쟁이 활발히 이루어지고 있으며, 스마트시티 교통서비스에 있어서는 자율주행셔틀 서비스, 퍼스널 모빌리티 등에 대한 관심이 높다. 특히 모든 교통수단을 통합해 하나의 플랫폼을 통해 통합모빌리티 서비스를 제공하는 마스(MaaS)가 대중교통 이용 서비스에 크게 기여할 것으로 전망된다.

이탈리아 밀라노
중앙역 앞을 주행하는
소형 전기차(EV)

퍼스널 모빌리티 시대를
열다

스마트시티는 빅데이터, 자율주행차, 공간정보, 드론 등 4차 산업혁명의 혁신기술들을 도시공간에서 실제로 구현해 도시를 효율적으로 관리하고 다양한 서비스를 제공한다.

우리나라 「스마트도시 조성 및 산업진흥에 관한 법률」 제2조에는 '도시의 경쟁력과 삶의 질의 향상을 위하여 건설·정보통신기술 등을 융·복합하여 건설된 도시기반시설을 바탕으로 다양한 도시서비스를 제공하는 지속가능한 도시'를 스마트시티라고 한다. 특히 사물인터넷(IoT), 5G, 인공지능(AI), 클라우드 등 각종 최첨단 기술이 집약된 고부가가치 산업에 집중하면서 신성장동력을 창출하고자 세계적으로 스마트시티의 교통서비스가 빠르게 확산하고 있다.

스마트시티 교통부문 서비스 가운데 퍼스널 모빌리티(Personal Mobility) 서비스의 경우 초소형 개인 이동수단의 도입으로 환경문제 해결, 물류효율 증대, 관광·지역 진흥 등의 다양한 도입 효과가 있어서 최근 많이 주목받고 있다.

아울러 퍼스널모빌리티는 전기 등의 친환경 연료를 사용하거나 1, 2인승 개념의 소형 개인 이동수단을 의미하며, 중·저속 전기차, 1인용 전기자동차 및 전기자전거 등을 포함하는 수단을 의미한다.[61]

초소형 EV 모빌리티는 보통 10~20km/h 정도의 속도를 낼 수 있으며, 도보로는 멀고 차량으로는 가까운 거리를 이동하기에 적합해서 교통약자 및 고령자에게 차세대 이동수단으로 이미 각광받고 있다.

덴마크 코펜하겐 시내
세그웨이 가이드투어

61) 김태형·최정민·이호·소재현·김미정, 스마트시티 교통체계 구축전략 및 실행방안 연구, 한국교통연구원, 연구총서 2018-12

스트라스부르 프티프랑스에 주차된 Velhop
어린이를 위한 Biporteur

일본의 경우 국토교통성에서 2010년 이전부터 친환경차를 활용한 마을 만들기에 관심을 갖고 추진해오면서, 주요테마 가운데 초소형 모빌리티의 이용과 활용에 관한 실증실험을 실시했으며, 이는 2011년 5월 '초소형 모바일의 활용에 관한 실증 실험 등에 의한 조사 업무' 보고서로 발표했다.[62]

도쿄 치요다 구, 도요타 시, 후쿠오카 시 등 6개 지역에서 실증실험 및 사업자 등의 조사 결과를 토대로 초소형 모빌리티의 주행공간 확보, 주행 시 교통영향, 교통약자의 이동 시 유효성 검증, 물류 활용방안, 초소형 모빌리티에 대응한 주차 공간 등을 실제 조사하고 연구했다.

이를 토대로 2016년 6월 초소형 모빌리티에 관한 가이드라인을 발표했으며[63], 앞으로 활발하게 이용하게 될 초소형 모빌리티의 차량 구분이나 성능 및 안전 기준, 주행과 주차환경 등에 대해 논의된 제반사항을 가이드라인으로 정리하고, 본 가이드라인이 지방자치단체나 자동차 메이커 등 관계자들에게 초소형 모빌리티를 도입하고 개발하는 데 참고할 수 있도록 했다.

그 외에도 초소형 모빌리티에 관한 홈페이지[64]에는 안전성 확보를 최우선으로 한 도로운송차량법을 근거로 공로주행이 가능하도록 한 인정제도를 비롯해, 초소형 모빌리티 도입을 지원하는 보조제도 및 사례집 등을 구체적으로 게시, 홍보하고 있다.

---

62) 国土交通省 都市·地域整備局, 自動車交通局 技術安全部 環境課 (2011.5), 超小型モビリティの利活用に関する実証実験等による調査業務 報告書
63) 国土交通省都市局·自動車局 (2012.6), 超小型モビリティ導入に向けたガイドライン−新しいモビリティの開発·活用を通じた新たな社会生活の実現に向けて
64) 국토교통성 초소형 모빌리티에 관한 웹사이트,
    https://www.mlit.go.jp/jidosha/jidosha_fr1_000043.html

특히 2016년 3월 개최된 도쿄국제포럼의 '초소형 모빌리티 심포지엄'을 시작으로, 지속적으로 정부와 각 지자체 공무원과 전문가, 관련 협회와 자동차업계 등이 모여 장래 초소형 모빌리티의 제반사항에 대한 연구회를 진행하면서 모든 자료를 공유하고 적극 추진하고 있다는 점은 여러모로 시사하는 바가 크다.

세계 각국의 자동차업체에서는 다양한 특징을 보유한 초소형 자동차 시제품 및 콘셉트를 발표해 세계시장을 주도하기 위해 노력하고 있으며, 초소형 자동차가 미래 교통수단으로서 사회적, 경제적 측면에서 긍정적으로 인식되고 있다.

유니커브(UNI-CUB)는 일본 혼다의 ASIMO로 대표되는 휴먼로봇 연구에서 태어난 평형제어기술을 살린 새로운 퍼스널 모빌리티로 각광받고 있다. 생활공간에서 이동하는 콤팩트한 사이즈로 움직이고자 하는 방향에 몸을 기울이면 나아갈 수 있고, 양손을 자유롭게 사용할 수 있다.

퍼스널 모빌리티
UNI-CUB 실증 체험현장
자료 : http://www.honda.co.jp/UNI-CUB/,
일본 미래과학관 1층 로비의 전시 및
유료 체험현장

국토교통부는 국내 기준이 없는 상황에서 매연과 소음이 없으면서도 골목배송이 가능한 삼륜형 전기차의 길이 및 최대적재량 규제를 완화하는 등 다양한 유형의 차세대 교통수단이 도심을 자유롭게 다닐 수 있도록 관련 법과 제도를 정비한다고 발표했다.

　그리고 세그웨이, 전동 퀵보드 등 개인형 이동수단의 통행방법과 관리방안을 마련하는 등 개인형 이동수단을 좀 더 자유롭게 운행할 수 있는 환경을 조성할 계획이다.

| 토요타, nglet | 닛산, bility Concept | 혼다 Commuter Concept | 스즈키, Concept |
| 1인용 이동 로봇(세그웨이) | 2인용 전기자동차 | 1~2인용 전기자동차 | 1~2인용 전기자동차 |

| 다이하츠 Pico | KAIST FEV | 토요타, COMS | 르노:Twizy |
| 1~2인용 전기자동차 | 접이식 전기자동차 | 1인용 전기자동차 | 1인용 전기자동차 |

초소형 전기자동차 시제품 및 콘셉트

자료 : 서인수·이민영·김제독, 《초소형 개인 이동수단용 차량 기술 현황, 기술과 정책》 pp.38-47, 2012.

브뤼셀 카셰어링
소형 EV차량

브뤼셀 루이앙 광장의
공유전동퀵보드, 라임(Lime)

새롭게 등장하는
자율주행셔틀 서비스

자율주행셔틀은 차량에 운전자가 탑승하지 않은 완전 무인 자율주행 자동차의 플랫폼에 승객을 이동시키기 위한 대중교통 목적의 차체 디자인 및 시스템 구성이 결합된 소형 자율주행 셔틀버스다.

6~12인승의 소규모 자율주행셔틀 등을 통한 단거리 위주의 수요응답형으로, 정해진 노선에 따라 순환하는 모빌리티 형태이며, 지선버스 교통서비스를 제공한다. 현재 프랑스 리옹 Navly, 미국 라스베가스 Arma, 네덜란드 로테르담 Park Shuttle, 와게닝겐 대학캠퍼스 WEpods 등에서 약 25km/h의 속도로 자율주행 셔틀이 운행 중이다.

국내에서는 지난 2018년 11월 판교에서 지자체 최초로 자율주행차 제로셔틀의 일반도로 운행에 성공한 경기도가 판교 제2테크노밸리 '제2회 판교 자율주행 모터쇼(PAMS 2018)'에서 제로셔틀의 일반인 시승회를 실시했다.

판교제로시티를 통해 자율주행 실증단지를 조성해 테스트베드 구축 사업을 추진 중이며, 2018년 시험운행을 통해 제도 및 기술을 보완하고 2019년부터 실제 셔틀운행을 목표로 하고 있다. 제로셔틀은 별도의 운전석이 없는 무인주행 전기자동차(EV)이며, 크기는 전장 5,150㎜, 전폭 1,850㎜, 전고 2,700㎜로 9개 좌석에 최대 11명까지 탑승 가능하다.

한편 서울 상암동 디지털미디어시티(DMC) 일대에 조성중인 5G 자율주행 테스트베드(시험장)에서 2019년 6월 처음으로 5G 자율주행 버스와 융합 자율주행 기술들을 선보이기도 했다.

스마트도시에 곧 도입될 자율주행 셔틀 서비스

2019년 2월 대통령직속 4차 산업 혁명위원회와 관계 부처 합동으로 미래형 스마트시티 선도모델인 세종 5-1 생활권과 부산 에코델타시티에 대한 국가 시범도시 시행계획을 발표했다. 여기서 세종 5-1 생활권은 시민의 일상을 바꾸는 스마트시티 조성을 목표로, 모빌리티, 헬스케어, 교육, 에너지·환경, 거버넌스, 문화·쇼핑, 일자리 등 7대 서비스 구현에 최적화된 공간계획을 마련했다.

특히 최적화된 스마트 모빌리티 서비스를 제공할 수 있도록, 링 형태의 자율차 전용도로 구역 안에서는 개인 소유 차량의 통행 및 주차를 제한하고, BRT와 연계한 자율주행 셔틀버스와 퍼스널 모빌리티 등을 운영할 계획이다.

판교 자율주행 모터쇼, 제로셔틀
자료 : 경기뉴스포털, https://gnews.gg.go.kr

통합 모빌리티(MaaS),
이용 교통수단을 하나의 서비스로

통합 모빌리티, MaaS란 무엇인가

MaaS(Mobility as a Service)는 정보통신기술을 활용해 교통을 클라우드화하고 대중교통의 여부, 운영 주체와 관계없이 모든 교통수단의 모빌리티를 하나의 서비스로 파악하고, 무결절(Seamless)하게 연결하는 새로운 이동의 개념이다.

2015년 ITS 세계회의에서 설립된 MaaS Alliance에서는 MaaS란 이용자가 스마트폰의 웹으로 교통수단이나 이동경로를 검색, 이용하고, 운임 등을 결제하는 것처럼 여러 종류의 교통서비스를 수요에 따라 이용할 수 있는 하나의 이동 서비스에 통합하는 것이라고 정의하고 있다. 그리고 단일시장 형성을 위해 국가 간 통용되는 가이드라인을 구현, 이용자 관점에서 서비스 개선, 법규 개선 및 기술의 원칙 등을 정하고 있다.

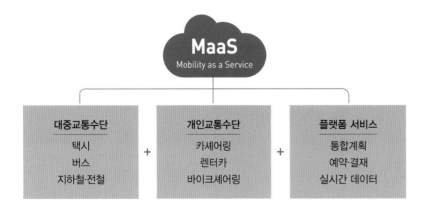

그리고 통합의 정도에 따라 복수 모드의 교통제안·가격정보 등 정보 통합 단계인 레벨 1, Trip의 검색·예약·지불 등 예약과 결제의 통합 단계인 레벨 2, 대중교통과 렌터카 등도 통합하는 서비스 제공 통합 단계인 레벨 3, 데이터분석에 의한 정책의 통합 단계인 레벨 4로 나누고 있다.

MaaS를 더욱 편리하게 해 주는 것들

MaaS에서는 ICT에 의해 철도·버스 등의 경로, 시각표 등의 데이터를 검색 조합해 이용자에게 맞는 서비스를 제안한다. 따라서 검색 대상이 되는 각 교통기관의 운행정보나 역 등의 지리적 정보 등 데이터를 이용할 수 있을 필요가 있으며, 구미에서는 오픈 데이터로 정비했다.

스트라스부르역 앞 친환경버스,
교통공사 CIS에서 철도, 트램,
버스 등 대중교통수단 실시간
통합운영정보를 제공
http://cts-strasbourg.eu/en

일본의 경우 지난 2015년 9월 대중교통 개방형 데이터 협의회를 설립해 대중교통 분야에서 오픈데이터를 추진하고 있다. 특히 2020년 도쿄 올림픽을 대비해 오픈 데이터화를 유지, 보유하는 교통사업자들은 오픈 데이터의 추진을 보다 적극적으로 주요 성장전략으로 대응해가고 있다.

그 외 운임·요금의 설정, 결제시스템으로서 MaaS의 운임·요금지불은 서비스 통합 정도에 따라 다르지만, 카드로 결제하는 사례가 많다. 운임·요금의 체계도 이용 구간마다 결제하지 않고, 정기권과 같이 월 단위의 정액요금제 플랜을 설정하고 있는 서비스도 있다.

아울러 MaaS 기반 구축의 경우 통합 교통수단 경로탐색 알고리즘 개발, 통합 교통 서비스 운영 시스템 개발, 통합 교통 서비스 요금산출 시스템 개발로 나눌 수 있다.

이 중 첫째, 통합 교통수단 경로탐색 알고리즘 개발은 개인별 위치와 상황에 따라 이용 가능한 교통수단들이 다르므로 도로와 대중교통 네트워크 맞춤형 통합 교통수단 경로탐색 알고리즘의 개발이 필요하다. 도로와 대중교통을 통합한 교통 네트워크를 구축하거나, 분리된 네트워크에서 통합 경로를 탐색하는 경로탐색 알고리즘을 개발해야 한다.

둘째, 통합 교통 서비스 운영 시스템 개발에서는 통합 교통서비스 제공을 위한 운영시스템은 가능한 모든 교통수단의 운행정보와 좌석 예약에 관한 정보를 수집해 이용자의 요청에 맞는 경로를 탐색하고, 이용자에게 통합 경로에 대한 정보와 좌석 예약정보를 제공하며 요금을 결제하는 기능을 수행한다.

셋째, 통합 교통 서비스 요금산출 시스템 개발의 경우, MaaS 서비스 제공자는 적정 요금 산출 시스템을 통해 산정된 적정 가격을 기준으로 개별 교통수단 운영자에게 티켓을 일괄 구매하고, 이용자에게는 요금제에 따른 월정액을 부과하는 방식을 기본으로 한다.

MaaS 서비스 제공자는 개별 교통수단 운영자가 이행해야 할 운행 기준을 제시하고 이를 준수하도록 요구하고, 개별 교통수단 운영자는 MaaS와의 협상 조건에 따라 운영만 하면 된다.

MaaS를 도입함으로써 얻는 효과

우선 이용자의 이점은 검색·예약·결제 기능 등을 통합함으로써 무엇보다 교통수단 이용이 용이하다. 도시에서는 이동 수단의 최적화에 따른 혼잡 완화를 꾀하고 효율적으로 활용할 시간이 늘어나며, 지방에서는 이동 수단의 최적화에 보다 적은 비용에서도 교통수단이 유지된다.

교통 사업자 측면에서의 이점을 살펴보면, 운영 효율이 향상됨으로써 운임 수입 등의 증가로 이어질 수 있다. 그리고 데이터의 축적과 분석으로 이용자에게 보다 정확하고 효용이 높은 행동을 제안할 수 있다.

MaaS Global 사의 Whim

https://whimapp.com/uk/

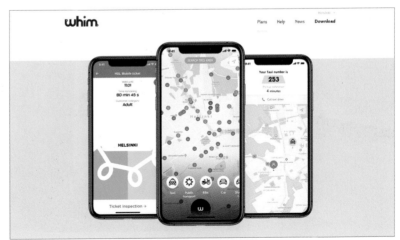

그 외 서비스 제공들에게는 수집한 통행 데이터를 활용 및 제휴하면 스마트시티 추진으로 연결되고, 데이터의 활용으로 쇼핑·주택보험 등 주변 영역에서도 편리성이 높은 서비스를 제공할 수 있다.

특히 핀란드 MaaS Global 사의 Whim은 도입 효과로 2030년 97% 자동차 이용 감소, 95% 공공주차 공간 감소, 37% 배출가스 감소, 50% 통행비용 절감을 전망하고 있다. 미국 인텔에서는 MaaS 도입으로 2035년부터 2045년까지 약 5,85천 명의 사망사고가 감소하고 교통사고 비용 역시 약 2,340억 달러 감소 효과가 있을 것으로 전망하고 있다.

자전거 탑승칸이 있는 독일 철도(DB), 여러 교통수단의 통합 모빌리티 서비스 제공

해외의 통합 모빌리티 서비스,
MaaS

2016년부터 시작한 핀란드의 Whim 서비스

핀란드의 경우를 살펴보자. 마스 글로벌의 MaaS 웹사이트 'Whim' 서비스가 2016년에 시작되었다. 운수통신부에서는 디지털화, 시행, 규제완화를 추진할 목적으로 교통서비스법(Act on Transport Services)을 3단계로 나누어 시행 예정으로, 도로 교통 분야에서는 2018년 7월 처음 시행했다. 제2단계에서는 항공, 해운, 철도교통 분야가 추가되고, 제3단계는 교통시스템 및 관련 디지털 서비스를 대상으로 하고 있다.

Whim을 통해 목적지까지 최적 이동경로, 예상 도착시간 등을 제공하며, 발권에서 금액 지불까지의 모든 과정을 수행할 수 있어서 이동 및 시간의 효율성을 높일 수 있도록 서비스를 제공하고 있다.

이용자는 크게 월별 요금제와 충전 요금제를 이용할 수 있는데, 월별 요금제는 요금에 따라 택시 및 임대차량을 사용할 수 있는 포인트를 제공하며, 모두 사용한 후에는 필요에 따라 추가 구매가 가능하다.

독일, 다임러 사의 Moovel과 Qixxit

독일의 경우는 어떨까? 독일 다임러(Daimler) 사는 자동차에 국한하지 않고 여러 이동서비스 사업자와 제휴해 서비스하고 있다. 카셰어링과 자전거 셰어링, 택시배차 등 개인 이동서비스를 그룹에 보유하고 있으면서 철도나 버스와도 제휴해 여러 이동수단을 고려한 루트 검색 웹(예약과 결제가 가능)도 전개하고 있다. 이를 통해 자동차를 이용한 이동서비스의 고도화뿐만 아니라 복수의 수단을 통합함으로써 이동 효율화에 기여하고 있다.

다임러 사가 독일의 주요 도시 등에서 전개하고 있는 'Moovel' 서비스는 2012년에 개시했고, 또한 다임러 사는 주차장 검색이나 충전시설 검색 등 자동차의 주변 서비스를 전개하고 있는 독일 BMW 사와 제휴해 모빌리티 서비스를 관할해 상호보완적으로 양사의 서비스를 제공하고 있다.

한편 독일철도가 여러 교통수단의 경로·운임 정보검색 웹 'Qixxit'를 2013년부터 제공한 바 있다.

통합 모바일 패키지 서비스, MaaS-런던

영국의 경우, 웨스트 미들랜드에서 마스 글로벌 사의 웹 Whim 서비스가 2018년 4월에 개시했으며, 그 외에도 유럽 등에 있어서의 MaaS 사례는 많다.

MaaS-런던은 런던의 대중교통은 물론 민간이 운영하는 철도, 자전거, 카셰어링, 택시를 포함해 이용자 요구에 맞춰 통합 모바일 패키지 서비스를 제공하고 있다.

이용자는 패키지 선택, 여행계획, 예약, 탑승, 비용지불의 총 5단계를 거쳐 서비스를 제공받고, 이용자가 원하는 경로와 최적의 옵션을 제시해 선택권을 보장하며, 이용자 선택경로 및 수단 이용 중 돌발상황 발생 시 실시간 정보 수집을 통해 대체 가능 경로와 수단을 제공한다.

개별(단일) 교통수단을 이용할 경우보다 패키지로 이용하는 것이 더 저렴한데, MaaS core Package를 이용할 경우 여행계획, 예약시스템, 실시간정보, 복합운송 스마트 티켓, 모든 교통수단을 선결제할 수 있다.

일본, 환경에 맞는 MaaS를 찾는다

일본의 경우 도요타자동차는 통신이나 서비스, 철도 등 다양한 사업자와 제휴해 MaaS에 대처하고 있으며, 모빌리티 서비스에 필요한 여러 기능을 갖춘 플랫폼 MSPF(Mobility Service Platform)를 발표하고 있다. 후쿠오카 시에서 사회실험하고 있는 웹 'my route'에서는 다임러 사가 참여하고 있다.

독일의 Moovel과 마찬가지로 철도사업자 등과 제휴함으로써 복수의 이동수단을 이용한 루트 검색이나 일부 서비스의 예약·결제가 가능하다. 한편, 점포·이벤트 정보를 소개하는 서비스 사업자와 제휴해, 원활한 이동제공뿐만 아니라 시가지 번영 창출에도 주력하고 있다. 이 점은 Whim이나 Moovel과 다른 특징을 갖고 있다.

한편, 철도 분야에서는 JR동일본(東日本)과 오다큐(小田急)전철이 선도적으로 MaaS 플랫폼 구축을 제시했고, 서일본(西日本)철도는 도요타자동차 등 여러 사업자와 협력해 후쿠오카 시에서 MaaS 수준 2에 해당하는 서비스 my route의 실증실험을 시작했으며, 도큐(東急)전철도 JR동일본과 공동 프로젝트로 관광형 MaaS나 교외형 MaaS 서비스를 준비하고 있다.

EPILOGUE

지난 20여 년 동안 매년 방학이 되면 해왔던 일이라, 이번에도 중국발 신종 코로나바이러스 감염증(코로나19) 보도에도 불구하고 수소관련 업무 출장 겸 망설임 없이 2월 중순 유럽으로 떠났다. 당시만 해도 코로나19 팬데믹 이전이라 준비해간 마스크는 현지에서 써보지도 못했지만, 귀국할 때는 달랐다. 당시 코로나19 확진자가 연일 최다를 기록하면서, 공항에서 대구로 내려오는 것조차 조금은 망설여질 정도로 심각했다. 어느 곳도 갈수 없는 자가 격리 상황에서 유일하게 한 일은 이 책의 원고를 다듬는 것이었다.

이렇게 절묘한 시기에 다녀온 도시들의 애정 담긴 사진들은 <도시와 교통>을 더욱 빛나게 만든 것 같다. 그 가운데 기억에 남는 주요 사진들이 몇 장 있다. 계속 비가 오다 걷히면서 드러낸 아름다운 보르도 켄콩스 광장과 가론강변을 주행하는 무가선 트램(pp.223-225), 중앙역 앞 우연찮게 잡은 호텔 방에서 바라본 스트라스부르 역 광장의 전경(p.170), 프랑스 최남단 도시 포(Pau)에서의 세계 최초 수소버스 BRT(p.203), 이번 복합환승센터 파트를 위해 화창한 날 다시 찾아간 파리 라데팡스 환승센터(pp.189-192) 등이다. 그 외에도 독일의 수소충전소 사진들을 보면서, 이렇게 막바지까지 코로나19와 더불어 만들어진 이 책에 더욱 애착이 간다. 그래서인지 많은 독자들이 각 페이지마다 사진들이 돋보인다고 하고 좋아들 한다. 이 책에 들어간 모든 사진들은 이렇게 직접 발품 들여 찍은 것들이다.

일부 사진들은 <CITY 50>과 매달 연재하는 한국교통연구원의 <월간 교통> '사진으로 본 교통'에 이미 게재된 것들도 있다. 부득이 국내외 행사와 보도된 몇 장의 사진들은 자료 출처를 모두 표기했으니 참고 바란다. 가끔 의미 있는 사진 한 장에 그 도시를 기억하게하고 오랜 기록으로 남겨진다. 사실 우리의 여행도 사진으로 되살아나는 것 같다. 이제부터는 교통의 구도에서 조금은 벗어나 다양한 삶의 모습들과 문화 배경들이 어우러진 프레임에 맞추면서 나름 사진가의 여행 법을 익히고 싶다.

이번 책은 환경에서 스마트모빌리티까지 도시와 사람, 환경이 함께 어우러지는 모두를 위한 지속가능 교통에 관한 테마로만 책을 구성했다. 다만, 요즘 이슈 되고 있는 도시재생에 창조도시와 스마트도시 패러다임을 더한 우리들의 도시 이야기를 궁금해 하면서 아쉬움이 남는다. 앞으로 몇 년 후에는 수업교재의 틀에서 벗어날 수 있을 테니, 이젠 사진과 함께 그곳 에피소드도 곁들인 재미있는 책을 만들고 싶다. 매달 원고 마감에 맞춰 자료 찾으면서 힘들게 마무리할게 아니라, 평소 내 마음 담아서 미루지 않고 자유롭게 글 쓰는 것이 바람이다. 이번 2쇄를 맞아 에필로그를 쓰면서 어느 듯 또 다른 출간의 꿈을 갖게 된 것 같아 기쁘다. 끝으로 우리들의 도시공간이 어떻게 하면 사람과 환경 중심으로 함께할 수 있을지 고민하면서, 오늘도 도시와 교통에 관한 글쓰기를 재밌게 이어가고 싶다.